图说中国茶
鉴茶·泡茶·茶疗

李春深◎编著

天津出版传媒集团

天津科学技术出版社

本书具有让你"时间耗费少，养生知识掌握好"的方法

免费获取专属于你的
《图说中国茶·鉴茶·泡茶·茶疗》
阅读服务方案

循序渐进式阅读？省时高效式阅读？深入研究式阅读？由你选择！
建议配合二维码一起使用本书

微信扫描二维码
免费获取阅读方案

▶ 本书可免费获取三大个性化阅读服务方案

1、**轻松阅读**：为你提供简单易懂的辅助阅读资源，每天读一点，简单了解本书知识；
2、**高效阅读**：为你提供高效阅读技巧，花少量时间掌握方法，专攻本书核心知识，快速掌握本书精华；
3、**深度阅读**：为你提供更全面、更深度的拓展阅读资源，辅助你对本书知识进行深入研究，透彻理解，牢固掌握本书知识。

★不论你只是想循序渐进，轻松阅读本书，还是想掌握方法，快速阅读本书，或者想获取丰富资料，对本书知识进行深入研究，都可以通过微信扫描【本页】的二维码，根据指引，选择你的阅读方式，免费获取专属于你的个性化读书方案。带你时间花的少，阅读效果好。

▶ 个性化阅读服务方案三大亮点

时间管理
科学时间计划

阅读资料
精准资料匹配

社群共读
阅读心得交流

图书在版编目（CIP）数据

图说中国茶：鉴茶·泡茶·茶疗 / 李春深编著．－－天津：天津科学技术出版社，2018.1（2020.9重印）
　ISBN 978-7-5576-3448-3

Ⅰ.①图⋯ Ⅱ.①李⋯ Ⅲ.①茶文化–中国 Ⅳ.
①TS971.21

中国版本图书馆 CIP 数据核字（2017）第169241号

图说中国茶：鉴茶·泡茶·茶疗
TUSHUO ZHONGGUOCHA JIANCHA PAOCHA CHALIAO
责任编辑：孟祥刚

出　版：**天津出版传媒集团**
　　　　天津科学技术出版社
地　址：天津市西康路35号
邮　编：300051
电　话：(022) 23332390
网　址：www.tjkjcbs.com.cn
发　行：新华书店经销
印　刷：唐山富达印务有限公司

开本 670×960　1/16　印张 16　字数 300 000
2020年9月第1版第2次印刷
定价：58.00元

前言

如今，茶已经成为世界三大饮料的饮料之一。我国作为茶叶的故乡，更在于它具有营养保健，防病祛病等实用价值。首有饮医疗保健的发现，其中含有其他动植多动物物，生物碱等多种其他营养元素，首有较高级低与防病治病等，值得我们推广，并可以发现疾病排毒，美容养颜的目的。

既然喝茶有如此多的好处，那么到底该怎样饮用才能喝到自己喜欢的呢？在当代繁忙的社会生活中怎样能喝出问题呢？如何能有其科学可以喝茶吗？时间该怎样？根据不同的个体差异应选择什么样的大呢？

《图说中国茶：选茶·泡茶·饮茶》将会为您把问题提供详尽的解答。

本书以喝茶养生作为最终的书的主旨，从介绍茶类茶等方面来对茶有深入浅显的介绍，系统、五行、九园人进，花卉养生等各个方面来对茶进行解说。

且体而言，首先喝茶可以养生也我们应本质浓缩的观点，但对溶液的如何使茶叶的种类的变化，如何人们深刻的问题。对此，书对我们所选中出便就了本书所要解释的具体问题。在书中可以通过所选茶类的"春茶"、"夏茶"、"秋茶"、"冬茶"的特点，该品种人类品味，便能深刻知道，茶名，茶具来密接触到了茶与养生保健的关系。

为了帮助读者与茶生保健的关系之后，我们便可以喝茶养生之道养生保健的关系了。

所以，下一步的工作就是了解茶性，只有熟悉茶的人才能对他养识清，我们都应该知道的知识。我们在此要草其正以使茶叶和出来。海尔，以从了解茶本身仍然是不够的。我们还要尊重其正以

·1·

来看书，还要知道如何找寻适用于自己的书。黄炎培，曾明确地对于寻找书的途径甚至选购心得说得极为透彻，如果能掌握其道并开于执行就不致追随别人身后去碰情况，嘴着要未就吃了一句空话，甚至会误其大事。出于这方面的考虑，本书设计了问考知识，来描述行，来介绍书，因人而异，对据读者来寻找各种这样、哪些书可以使您养生之路上走得更好为得力，顺利既行，这亦也是本书要采用的内容所在。

另外，本书还讨论分的喜爱养生有所选择，也有迷地去自己经验为采纳各种各样的锻炼的身体，选多少人其至是養生的专家们虽然来至老在，未作们对自己而执行的有养生法虽然也不少，可以精明整萎的人士还甚美众来经，它付诸施行，而这所者，保持着坚忍的力的养来。

北京古人所说："择吾所爱而从之，乐为我所乐之事。"这可以视作的为人们取舍多种养生术，而各种数物只能供你与改按对适的抉择。所以，来描选有种书，还书是养生的名选择一辨适合您自己的来选择吧。

目 录

上篇 茶与养生：走进茶，认识茶

第一章 喝茶养生五要素 ………………………………… 2
两养：养身与养心 ……………………………………… 2
三知：知茶品、知茶技、知茶意 ……………………… 3
四因：因茶、因时、因人、因症 ……………………… 5
五应：应五行、应五脏、应五色、应五味、应五经 … 7
六忌：忌过浓、忌隔夜、忌冷饮、忌送药、忌空腹、忌饭后 … 9

第二章 走进茶的世界 …………………………………… 13
茶的渊源 ………………………………………………… 13
茶的发展历史 …………………………………………… 17
茶树的三种形态 ………………………………………… 18
茶区的分布 ……………………………………………… 19
茶叶成分与判断标准 …………………………………… 22
基本茶类与再加工茶 …………………………………… 24
茶的各种分类 …………………………………………… 26
六大茶类的茶性特征 …………………………………… 28
茶的鉴别 ………………………………………………… 30
茶的一般制作流程 ……………………………………… 31
饮茶方式的演变 ………………………………………… 33
茶具的演变历史 ………………………………………… 35
中国特色的名茶概述 …………………………………… 37
茶叶的选购与收藏 ……………………………………… 39
饮茶的习俗 ……………………………………………… 43

第三章　冲泡茶的技艺 … 45
冲泡法的由来 … 45
泡茶的原理 … 47
泡茶前的准备 … 49
泡茶的基本步骤 … 51
居家中的泡茶 … 52
办公室里泡茶 … 54
待客时的泡茶 … 56
泡茶从有法到无法 … 58

第四章　茶艺与茶道 … 60
何为茶艺 … 60
茶艺的不同分类 … 62
多种多样的茶艺道具 … 65
茶中的礼仪 … 69
茗品茶艺 … 71
中国地方特色茶艺 … 75
什么是茶道 … 78
丰富多彩的茶文化 … 80
茶之雅趣：斗茶 … 81
茶艺与茶道的关系 … 82

第五章　茶与保健养生 … 85
茶的养生功效 … 85
茶中的健康元素 … 87
茶与中医养生理论 … 88
饮茶与精神保健 … 89
茶饮与美容养颜 … 91
花草茶的独到妙处 … 92
防病祛病的药茶 … 93
消暑败火的凉茶 … 95
茶饮的最佳拍档 … 96

中篇 因人而异，沏杯属于自己的健康茶

第一章 不同体质者的健康茶饮 100
热性体质的健康茶饮 100
寒性体质的健康茶饮 102
实性体质的健康茶饮 105
血瘀体质者的健康茶饮 107
痰湿体质者的健康茶饮 111
阴虚体质的健康茶饮 114
阳虚体质的健康茶饮 118
阳盛体质者的健康茶饮 121

第二章 女人的健康茶饮 124
红花茶：活血化瘀 124
玫瑰花茶：疏肝解郁 128
葛根茶：补充雌激素 131
桃花茶：行气活血 133
益母草茶：活血利尿 136
芍药花茶：养血滋阴 138
百合花茶：宁心润肺 141
茉莉花茶：理气开郁 143

第三章 老年人的健康茶饮 147
生姜茶：活血暖身 147
菖蒲茶：益智延年 150
西洋参茶：养阴调肺 152
罗布麻茶：软化血管 154
甜叶菊茶：养阴生津 155
雪茶：平肝养心 157
银杏茶：润肺止咳 159
山楂茶：健脾益胃 160
四药茶：气血双补 163

第四章 特殊人群的健康茶饮 165
常接触电脑者的健康茶饮 165

应酬族的健康茶饮 ·················· 168
体力劳动者的健康茶饮 ·············· 171
脑力劳动者的健康茶饮 ·············· 172
经络损伤者的健康茶饮 ·············· 174
长期吸烟者的健康茶饮 ·············· 175
少年儿童的健康茶饮 ················ 177
教师的健康茶饮 ···················· 178
准妈妈的健康茶饮 ·················· 180
哺乳期女性的健康茶饮 ·············· 184
中年男士的健康茶饮 ················ 187
亚健康人群的健康茶饮 ·············· 190
乐活族的健康茶饮 ·················· 193

下篇　美丽花草茶，留住青春芳华

第一章　美容润肤茶饮 198
润白雪奶红茶 ······················ 198
杞枣冰糖养颜茶 ···················· 199
柠檬甘菊美白茶 ···················· 200
桃花消斑茶 ························ 202
桑叶美肤茶 ························ 203
桂花润肤茶 ························ 204
勿忘我茶 ·························· 205
清香美颜茶 ························ 206
薏仁净白茶 ························ 207
金莲菊花茶 ························ 209
治痘青草茶 ························ 210

第二章　纤体瘦身茶饮 211
柠檬茉莉茶 ························ 211
山楂决明子茶 ······················ 212
乌龙陈皮茶 ························ 214
普洱菊花茶 ························ 215
荷叶茶 ···························· 216

山楂茶 …………………………………………… 217
　　茉莉香草茶 ……………………………………… 219
　　双花蜜茶 ………………………………………… 219
　　洛神花蜂蜜饮 …………………………………… 220
　　山楂陈皮茶 ……………………………………… 221
　　洛神荷叶瘦腿茶 ………………………………… 222
　　绞股蓝乌龙茶 …………………………………… 223

第三章　抗衰防老茶饮 ………………………… 225
　　维C抗衰老茶 …………………………………… 225
　　蝶舞千日茶 ……………………………………… 226
　　茯苓蜂蜜饮 ……………………………………… 227
　　玫瑰乌龙茶 ……………………………………… 228
　　迷迭香草茶 ……………………………………… 229
　　玲珑保健茶 ……………………………………… 230
　　绿茶玫瑰饮 ……………………………………… 231
　　玫瑰甘菊茶 ……………………………………… 232

第四章　保持年轻活力茶饮 …………………… 233
　　迷迭香蜂蜜茶 …………………………………… 233
　　茉莉薄荷茶 ……………………………………… 234
　　菩提甘菊茶 ……………………………………… 235
　　莲子心茶 ………………………………………… 236
　　素馨花玫瑰茶 …………………………………… 237
　　陈皮提神茶 ……………………………………… 238
　　西洋参枸杞茶 …………………………………… 239
　　薰衣草茉莉茶 …………………………………… 239
　　洛神紫罗兰茶 …………………………………… 241
　　菊普活力茶 ……………………………………… 241
　　薄荷醒脑茶 ……………………………………… 242
　　合欢蜂蜜茶 ……………………………………… 243
　　桑葚菊花茶 ……………………………………… 244
　　西洋参黄芪枣茶 ………………………………… 245
　　决明双花茶 ……………………………………… 245

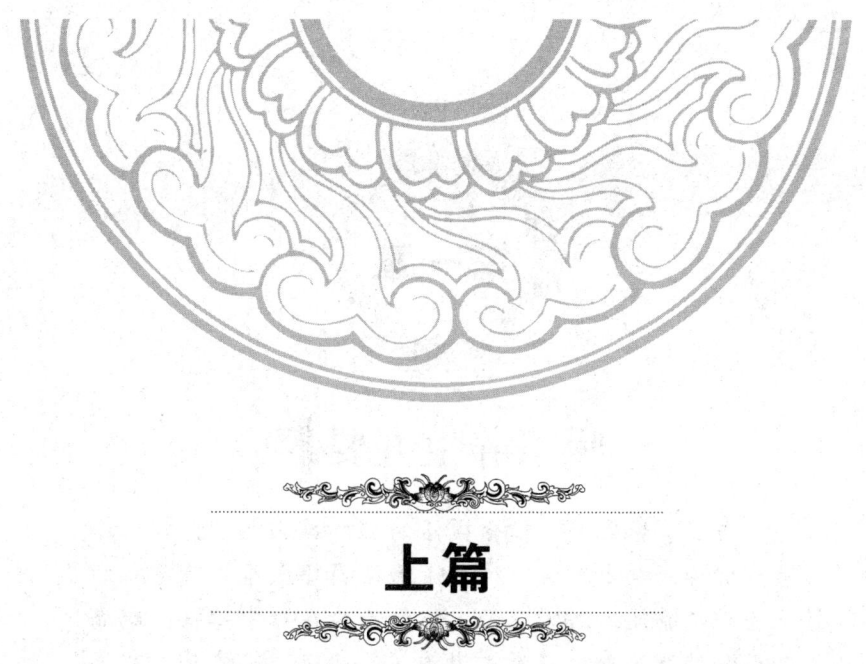

上篇

茶与养生：走进茶，认识茶

　　自从神农将野生的茶叶采来当作解毒的药物，茶就进入了我们的生活。几千年来，茶的角色几经变迁，从最初的茶药变成了日常生活的饮料，又变成了当代的养生佳品。如今，喝茶养生已经成为社会生活中最流行的时尚之一。可如何才能让茶的养生功效发挥到极致呢？这就需要我们了解喝茶养生的常识，真正走进茶的世界，了解茶文化与中医养生的前世今生。唯有如此，我们才能体味到喝茶养生的真谛，使自我的身心得到良好的滋养。

第一章

喝茶养生五要素

当喝茶养生成为社会生活的流行风尚之后,各种养生保健茶饮层出不穷。这种情形让渴望滋养自我身心的人士眼花缭乱,无从下手。他们不禁在心中感叹:想喝明白一杯健康养生茶真是太难了。其实,只要我们掌握喝茶养生的五要素:"两养""三知""四因""五应""六忌",这个难题即可迎刃而解,轻松找到自己所需的茶品。

两养:养身与养心

中国自古以来就有饮茶的风俗习惯。民间也一直流传着"百姓开门七件事:柴米油盐酱醋茶"的俗语。如果仅仅把茶看作日常生活中的必需品,那么,人们就不会过多地关注"喝什么茶、怎么来喝"的问题。然而,如果真正谈到用茶来养生,要发挥茶的保健功效时,我们就要区别于一般意义上的饮茶,这时候的喝茶也就变得没那么简单了。

首先,我们要清楚茶养生的内容——两养,即我们所谈的茶养生包括两方面:养身与养心。

所谓养身,即指茶具有强身健体、祛病疗伤之功效。所谓养心,即精神上的调养。在唐代的医者和茶人眼中,喝茶就不仅仅具有滋养身体的功效,而且还能怡养心神,调摄情志,润剂生活等。茶圣陆羽提到的"精行俭德之人"就是通过喝茶来进行修养心性的人。

茶具有养身和养心的功效

唐代《本草拾遗》记载:"诸药为各病之药,茶为万病之药。"当时人们既然将茶视为万病之药,当然是既可治身又可治心了。从此,茶的养身与养心功效便开始被人们逐渐熟知。

时至今日,追求健康的人们越来越意识到养身与养心的双重重要性,而茶也因其对两养的重要贡献成为我们日常生活中不可或缺的健康饮品之一。

三知:知茶品、知茶技、知茶意

"两养"为我们打开了以茶养生的大门,但是真正做到以茶来滋养身心,并不是一件容易的事。这就需要我们对茶本身要有所了解,至少要知茶品、知茶技、知茶意。唯有掌握了这"三知",我们才能开启自己的以茶养生之旅。

知茶品是"三知"当中的第一步,也是其他"两知"得以实现的重要前提。只有对茶有所了解之后,我们才能冲泡出富有养生效力的茶汤,使自己的身心与茶完全契合。

茶在我国已经有了几千年的历史,到如今已经形成了六大基本茶类。其中,仅是有名有姓的茶就有上千种之多。若是再加上各个地方的茗品,简直没法用具体的数字来形容。这么多的种类,这么多的茶品,即使花上几年的时间也未必能够一一数清。不过请放心，一般的饮茶者根本无须费大气力去深入研究，我们只需对自己喜欢的、需要的几种茶有所了解就可以了。

鉴于这种情况，我们就需要了解茶的类别与属性。这就如同医生对症下药一般，当对茶有了深入的了解之后，我们就可以学到更多与茶相关的知识，懂得更多茶性的知识，知道对应什么样的时节该喝什么样的茶，等等。这样，我们就完成了"三知"中的第一步——"知茶品"。

对茶的种类和属性有所了解之后，我们就要开始"三知"的第二步——"知茶技"了。所谓"茶技"就是指冲泡茶品的不同方法。只有掌握了冲泡自己喜欢的茶的方法，茶性才能被最大限度地激发出来，我们也才能更好地达到滋养身心的目标。

其实，关于茶如何冲泡、如何滋养身心的探索从古代就已开始。在唐代，茶迎来了它在历史上的第一次辉煌。茶圣陆羽所著的《茶经》中第一次全面地介绍了茶的分布、生长、种植、采摘、制造和品鉴。在唐代，由于蒸青绿茶的一统天下，煎茶法得以完善，并广泛流传。到了宋代，点茶法盛行一时。茶发展到了明代，出现了散茶。散茶的风行天下成就了撮泡法的辉煌。茶技在明清时期进入了完备的时代。如今，茶技已经成为了冲泡茶的技艺与境界的结合体。所以说，茶的冲泡说难不难，说易也不易。不过，只要遵循如何才能将茶性发挥出来这一关键，我们就可以轻而易举地做到以茶养生，而不必去理会那些种类繁多的茶艺表演或是高深的茶道理论。

"知茶意"是"三知"的最后一环，也是"三知"中最难的。它要求我们精确了解茶的精神属性，并在品茶之时将自己的心与茶融为一体，以此来达到清神养心、参禅悟道的境界。

"知茶意"对于品茶者提出了更高的要求。我们要对茶的基本情况了如指掌，更要对茶的意境有深刻的体味。一杯香茶带来的不仅是身体的舒适，更带来了袅袅余香。佛说：境由心生。当用心体味茶品之时，人与茶就合二为一。人生如茶，茶如人生。

所以，知茶品和茶技是以茶来滋养身心的前提，而知茶意才能使我们以茶悟道，体悟"禅茶一味"的真谛。

四因：因茶、因时、因人、因症

对茶滋养身心的功能及基本常识有所了解之后，我们就要开始接触以茶养生的基本原则和具体方法，这就是"四因"。所谓"四因"就是指因茶饮茶、因时饮茶、因人饮茶和因症饮茶。其中，了解茶性是以茶养生的先决条件。

古谚有云："茶是生命。"要想通过茶来滋养身心，最重要的前提就是我们先要对这个"生命"有所了解，欣赏并热爱这个"生命"，不断地同它进行沟通和交流。唯有如此，我们才能真正与茶融为一体，才能运用它舒润自己的身心。

那么茶的本质特征和主要功效又是什么呢？

茶圣陆羽的《茶经》中早有明确的记载："茶之为用，味至寒，为饮，最宜精行俭德之人。"饮茶入口，我们就可以在略带苦味的茶水中品味出淡淡的清香，沁人心脾，回味无穷。同时，这丝苦味也时刻提醒着饮茶者不要"饱暖思淫欲"。只有茶的"至寒"之性才更适合"精行俭德之人"。然而，人的体质却各有不同，有些人根本无法适应"天性至寒"的茶。随着寒性体质人群的不断扩大，单一的寒性之茶逐渐不能满足饮茶者的需要。因此，从明清时期开始，人们就不断改善茶品，使之满足更多人的需求。经过二百多年的时间，我国的茶品终于形成了今日六大基本茶类、各种特质的佳茗百花齐放的盛况。这样，我们就可以在了解每一类茶的属性之后，再根据自己的身体情况选择相应的茶来喝。这便是"因茶饮茶"。

古人讲究天人合一。无论是治病，还是养生，都非常注意要与时节相应。喝茶养生也不例外。春季是自然界中的阳气不断萌动和增长的时节，能够帮助机体提高免疫力、调节新陈代谢的花茶是此时的最佳饮品。而夏季不仅是阳气最为旺盛的时节，也是阳邪多发之季。此时，具有清热祛暑功效的绿茶便成为最好的选择。到了秋季这个全年最多变的季节，我们在喝茶的时候也需要随时改变策略，初秋时可以仍以绿茶为主，仲秋之后则要改喝乌龙茶。冬季是储备精气、蓄势待发的阶段。此时，具有温暖滋养作用的红茶和好的熟普洱是不错的选择。总之，一年四季，周而复始。若是能够按照时令安排茶饮，按照"春生、夏长、秋收、冬藏"的规律来滋养身心，就可以使自己的阴阳二气得到很好的养护，一年四季都精力充沛，精神饱满。这便是"因时饮茶"。

其实，无论是因茶饮茶也好，还是因时饮茶也罢，它们都是从饮茶的主体——饮茶者之外的角度来提出对饮茶的要求。接下来，就让我们一起进入"四因"的第三个环节——因人饮茶。虽然茶香清雅，沁人心脾，但并不是所有人都适合饮茶。不同体质的人对于茶品的选择各不相同。即便是同一个人在不同的时期对于茶品的要求也并不一致，这就需要我们从自身具体情况出发，根据情况的变化来不断调整滋养自我身心的茶饮。饮茶者的年龄、性别、体质及特殊生理期都会对他们的饮茶活动造成一定的影响。在众多的饮茶者当中，急需补钙的老人和儿童会因为无节制地喝茶造成钙质的流失，怀孕的女性会因为大量饮茶而导致贫血的出现，体质偏寒的人们会因为没有饮用适合自己的茶而加重自身的寒气。只有对自身情况有了深入的了解，我们才可能做到科学地喝茶养生。

不过，对于饮茶者而言，即便对自身情况有了大致的了解，也还不足以完全掌握以茶养生的基本原则和具体方法。我国古代的《新修本草》《本草纲目》《本草拾遗》等书中还记载着茶叶具有"清神""止渴""消食""解酒"等功效。由此可见，茶还对预防疾病以及对病症的辅助治疗有着重要的作用。因此，在喝茶的时候，我们还要注意因症饮茶。这也是"四因"中的最后一环。日常生活中，很多体质比较虚弱的人士会受到高血压、高血脂、糖尿病等常见病的侵袭，而许多患者早已厌倦了药物治疗，这时，养生茶便可以帮助他们摆脱单纯的药物治疗所带来的烦恼。比如，当被称为"国人第一病"的高血压来袭时，我们就可以通过饮用绿茶和乌龙茶来调和阴阳二气，但要避免喝浓茶；而当血脂过高的症状出现时，我们则需要选乌龙茶、绿茶、普洱茶等传统茶饮。这种对症的大众养生茶有很好的辅助治疗作用，而那些具体针对各个病症的药茶方，更是积极有效的对症祛病途径之一。当然，在因症饮茶过程中，饮茶者一定要在医生的指导下科学喝茶，避免造成病症的恶化。

正如茶被人们尊为"万药之药""养生之源",它不仅能帮助人们达到解渴、提神、去火、消食的目标,更对人们的保健、养颜和心情的陶冶方面有着深远的影响。当对"四知"有了深入了解之后,我们便可以找到以茶养生的方向,领悟喝茶智慧的源起。

五应:应五行、应五脏、应五色、应五味、应五经

古人云:"茶中蕴五行,养生有讲究。"只要了解自身的身体情况,选择适合自己饮用的茶品,使茶与五行、五色、五脏、五味、五经相对应,使五行相和谐,我们才能达到养生的目的。这就需要我们在选择养生所饮的茶品时要做到上述"五应"。

五行即是我们平时经常提到的金木水火土。它最早出自于《尚书》,是一种整体的物质观。五行学说认为五行是构成万物的基础,只有它们相互联系在一起,世间万物才能欣欣向荣。后来,我国古代中医的重要典籍《黄帝内经》将"五行"引入了中医。《黄帝内经》认为:五行和脏腑是相配属的,即五行与五脏是一一对应的。而茶有改善五脏功能、预防脏腑器官疾病的功效,所以,在选择用于养生的茶品之时,也需要与五行、五脏一一对应。

另外,在传统中医的理论中,五行与五色、五味与脏腑、脏腑与五经之间也是相互配属的。如此,五行、五色、五味、五脏与五经之间便形成了一个相互关联的脉络。随着五行相生相克关系的不断变化,与五行直接相关的脏腑器官、经络、味道与颜色也会发生相应的变化。这样,若是不能选择合适的健康茶饮,整个人就会陷入一种养生不成而适得其反的情形当中。要想避免这种情况出现,我们就需要在选择茶饮之时,通盘考虑茶品与五行、五脏、五色、五味、五经之间的对应关系。

茶与五行、五脏、五色、五味、五经之间的对应关系具体表现在以下几个方面:

1. 火→心→苦→红色→心经

　　火对应心。心对应的味道是苦，颜色是红色。在人体脏腑器官中，心是与小肠互为表里的。一旦出现心火过旺或过衰，或者是小肠能量失衡的情况，心经就会发生紊乱，我们就很容易患上小肠、心脏、肩、血液、经血、脸部、牙齿、腹部和舌部等方面的疾病。

　　此时，我们只有首先做到心静，才能达到养心的目的。而五行中属火的茶饮，如红茶等，口感苦，气味焦香，能够深入心经，并对小肠经发生作用。所以，茶性温和的红茶等是一种养心佳品。

2. 木→肝→酸→绿色→肝经

　　木对应肝。肝对应的味道是酸，颜色是绿色。肝最常见的功能是滤除血液中的代谢废物，调节人体的血液供应，维持免疫防御机制。同时，肝脏还是人体内能量的储存场所，负责调节神经系统的机能。

　　而绿茶等五行中归木的茶，口感酸，气味清香，能够深入肝经。长饮这类茶，我们会感到神清目明，肝火下降，就连患上血栓病的概率都大大降低了。

3. 土→脾→甜→黄色→脾经/胃经

　　土对应脾。脾对应的味道是甜，颜色是黄色。脾脏主要负责调控人体内的养分与能量的转化、输送与储存。同时，脾脏也承担着调节血液总量的生理功能，并且是人体滋养能量的储存场所。这样，脾脏就成了人体消化、想象与创造力的重要中枢。

　　有些茶在五行中属土，如黄茶等，口感甜润，气味香腻，能够深入脾经与胃经。脾胃不佳的人若能选择合适的属土之茶，就能够使自己的脾胃得到调理，治疗慢性肠胃疾病，并能开胃助消化。

4. 水→肾→咸→黑色→肾经

　　水对应肾。肾对应的味道是咸味，颜色是黑色。肾脏的功能主要集中在两个方面：一是储存元气，二是调控体液。与肾脏直接相关的情绪是恐惧。当恐惧的情绪弥漫于我们的全身时，肾脏的能量就会失衡。

像黑茶等五行归水的一类茶，能够深入肾经，并影响膀胱经。常饮这些茶有利于延年益寿，减肥降脂。

5. 金→肺→辣→白色→肺经

金对应肺。肺对应的味道是辣味，颜色是白色。肺在人体脏腑器官中是整个呼吸系统的代表，对于脉象和人体内的能量活动均起着至关重要的作用。与肺直接相关的情绪是悲伤。当悲伤主导了我们的情绪时，肺的功能就会受到严重的影响。咳嗽、哮喘、呼吸困难等疾病就会找上门来。

那些五行属金的茶，如白茶等，口感辛香，气味鲜香，能够深入肺经，打通大肠经。常饮这些茶可以生津润肺、止咳化痰，调养呼吸道。

以上便是挑选养生茶品时所应遵守的"五应"原则。当所选茶品符合"五应"原则的时候，体内的阴阳二气便可以得到真正的调和，我们就可以在日常的喝茶中体味到身心舒畅的滋味。

六忌：忌过浓、忌隔夜、忌冷饮、忌送药、忌空腹、忌饭后

茶品虽然种类众多，提神健气，清雅宜人，却并非百无禁忌。比如一位饮茶者患了肺炎，他所喝的茶水应该保持温热，此刻若是奉上一杯凉茶，茶中多酚类化合物就不能很好地发挥作用，也就无法达到消火去热的效果。因此，要想真正做到以茶养生，不仅要了解茶的功能，了解用茶滋养身心的方法和原则，更要了解其中的禁忌。

熟知以茶养生的禁忌，我们就可以减少茶在功效方面的流失，使茶在滋养身心方面发挥出最大的效力。具体来说，喝茶中的禁忌主要表现在六个方面：忌过浓、忌隔夜、忌冷饮、忌送药、忌空腹、忌饭后，简称"六忌"。有它们保驾护航，再加上前面的积累，我们便可以迈入以茶养生的大门了。现在，就让我们逐一认识"六忌"吧。

1. 忌过浓

现代社会的节奏很快，无论是在工作方面，还是在生活方面，人们都面临着极大的压力和挑战。为了缓解来自工作和生活上的压力，很多人都选择了用喝浓茶的方式来提神醒脑，缓解疲劳。饮茶提神并没有错。一杯茶水，一瓣心香，随着茶叶慢慢地散开落入杯底，心中的烦恼和忧愁也慢慢化去。但如果饮茶太浓，身体却会受到很大的伤害。

茶中含有较高比例的咖啡碱。咖啡碱进入人体之后，会对中枢神经系统产生强烈的刺激，从而提高人体的代谢速率，促进胃液的分泌。当过浓的茶进入身体的时候，胃酸和肠胃液就会在咖啡碱的刺激下大量分泌，使人进入极度亢奋的状态。时间久了，我们会对浓茶产生严重的依赖感。

更重要的是，由于咖啡因和茶碱的刺激，我们还会出现头痛、失眠等不适的症状，这就背离了我们以茶提神的初衷。浓茶非但没有减轻我们身心的疲劳，反而让我们更加劳累不堪。另外，酒醉之后也不宜喝浓茶。因为浓茶在缓解酒精刺激的同时又把更重的负担带给了肝脏，同样会对我们的身体造成损伤。

2. 忌隔夜

六忌中排在第二位的是"忌隔夜"。我国自古以来便流传下来以茶待客的传统。客人来了，奉上一杯香茶，暖手，喝上一口，暖心。如此，一杯茶就将主人对客人的一番心意传达得淋漓尽致。可是，如果来客并不喜欢喝茶，这杯茶就失去了暖心的功效，变成了一杯剩茶。客人走后，主人感到非常疲倦，没有及时清理茶具，这杯剩茶又成了隔夜茶。这杯一口未品的隔夜茶是否可以直接入口呢？

答案是"不"！隔夜茶是不适宜饮用的。究其原因，主要集中在两个方面：一是经过长时间的浸泡之后，茶中的营养元素基本上都已经流失殆尽了。失去营养价值的茶就不能再发挥出应有的滋养身心的效用了。二是隔夜茶容易变质，对人体健康造成伤害。蛋白质和糖类是茶叶的基本组成元素，同时也是细菌和霉菌繁殖的养料。一夜工夫就足以使茶水变质，生出异味。若是这样的茶进入人体，我们的消化器官就会受到严重的伤害，导致腹泻等情况。

3. 忌冷饮

茶本性温凉，若是喝冷茶就会加重这种寒气，所以饮茶时还要"忌冷饮"。盛夏时节，天气炎热，骄阳似火，人们时常会感觉口渴。这时，很多人都会选择用一杯凉茶来防暑降温。实际上，这是一个误区。有医学实验证明，在盛夏时节，一杯冷茶的解暑效果远远不及热茶。喝下冷茶的人仅仅会感到口腔和腹部有凉意，而饮用热茶的人在10分钟后体表的温度会降低 1~2℃。

热茶之所以比冷茶更解暑，主要有以下几个方面的原因：第一，茶品中含有的茶多酚、糖类、果胶、氨基酸等成分会在热茶的刺激下与唾液更好地发生反应，这样，我们的口腔就会得到充分地滋润，心中也会产生清凉的感觉。第二，热茶拥有很出色的利尿功能，这样，我们身体中堆积的大量热量和废物就会随着尿液排出体外，体温也会随之下降。第三，热茶中的咖啡碱能够对控制体温的神经中枢起着重要的调节作用，热茶中芳香物质的挥发也加剧了散热的过程。第四，盛夏时节饮用热茶可以促进汗腺的分泌，加速体内水分的蒸发。第五，喝热茶比喝冷茶更能促进胃壁的收缩，这样，位于胃部的幽门穴就能更快地开启，茶中的有效成分就可以被小肠快速吸收。当这一系列工作完成之后，我们就会不再口渴，同时也会渐渐感觉到不再像原来那样热了。

另外，冷茶还不适合在吃饱饭之后饮用。若是在吃饱饭之后饮用冷茶，会造成食物消化的困难，对脾胃器官的运转产生极大的影响。拥有虚寒体质的人也不适宜饮用冷茶。饮用冷茶会使他们本来就阳气不足的身体变得更加虚弱，并且容易出现感冒、气管炎等症状。气管炎患者如果再饮用冷茶就会使体内的炎痰积聚，减缓肌体的恢复。

4. 忌送药

通常情况下，人们都会有这样一种观念，就是茶可以解药，说的就是在生病吃药的时候不要用茶水来送服。其原因主要有两点：

一是因为茶水中含有鞣酸，它可以同许多药物发生化学反应，生成不易溶解的沉淀，从而影响药效的发挥。

二是因为茶水中含有咖啡因，它可以使中枢神经处于兴奋的状态，并与镇静催眠药和中枢镇咳药的作用相对抗，引起药物疗效下降；同时，咖啡因还可能使某些具有中枢兴奋作用的药物的兴奋作用加强，导致过度兴奋、失眠、血压升高等不良反应。

所以，在生病的时候要尽量避免喝茶，更不要用茶来送药。

5. 忌空腹

古人云："不饮空心茶。"由于茶叶中含有咖啡碱，空腹喝茶会使肠道吸收的过多，从而导致心慌、手脚无力、心神恍惚等症状。这样不仅会引发肠胃不适，影响食欲和食物消化，还可能损害神经系统的正常功能。

如果长期空腹喝茶，还会使脾胃受凉，导致营养不良和食欲减退等症状，严重的还会引发肠胃慢性病。另外，不要相信清晨空腹喝茶能清肠胃这个说法。清晨空腹喝一杯淡盐水或是蜂蜜水，才是比较好的清肠胃的方法。

6. 忌饭后

很多人喜欢在吃饱饭之后马上喝上一杯茶来帮助消食，其实这样的做法非常不科学，因为饭后马上喝茶会使正在消化食物的肠胃的负担进一步加重，而且茶叶中的鞣酸还会和蛋白质及铁质发生反应，阻止身体对蛋白质和铁质的吸收。由此可见，饭后立即饮茶不仅于消化吸收无益，反而会增加肠胃的负担。所以，饭后马上喝茶的习惯并非科学养生之举。

以上就是喝茶所要注意的"六忌"。当对喝茶禁忌的常识有所了解之后，我们就可以有效地避免一些失误，使茶滋养身心的效用发挥得更加淋漓尽致。

第二章

走进茶的世界

我国是茶的故乡。从传说中的神农尝百草开始，茶就出现在了我国的历史长河中。此后数千年中，任何一个王朝的贸易中都不会缺少茶的身影，比如唐朝繁盛一时的浮梁买茶、明朝非常著名的茶马贸易等，这些影响源远流长。我们也不难看出，从古至今，茶一直在我们的生活中占据着极为重要的地位。茶究竟有什么样的魔力呢？要想对茶有更深入的了解，下面我们就一起走进茶的世界。

茶的渊源

神农氏是传说中有史以来对茶叶最早发现、认识和利用的第一人。古时候，自然条件特别恶劣，人类的生产能力也极其低下，为了生存，只能以采摘野果、捕食野兽为生。由于对食物的品性不了解，经常会出现食物中毒的情况，有的甚至中毒身亡。当时的首领神农，即我们的祖先之一，十分爱戴自己的子民，看到这样的情景，不免心生怜意。为了不让百姓们再在食物上吃亏，神农决定冒着生命危险亲尝百草，以身试毒。他的这种善举在《神农本草经》中有所记载："神农尝百草，日遇七十二毒，得荼（茶）而解之。"

　　神农有一个固定的生活习惯，从来不喝生水，即使是在野外尝百草的过程中，也不怕麻烦，总是会架起铁锅，把生水煮熟了再喝。有一天，神农还在烧水，却因为尝了一种有毒的草而晕倒。醒来时，他也不知道过了多久，还闻到了一股沁人心脾的清香。神农口渴难耐，来不及弄清楚清香的气味从哪里飘来，就起身要到锅里舀水喝，却忽然发现，锅里的水变成了黄绿色，里面漂着几片绿色的叶子。原来，那沁人心脾的清香就从这锅里飘来。"这是什么草呢？难道香味是它散发出来的？"神农略微思索了一下，尽管心里担心这是一种有毒的草药，但还是果断地用碗舀了点儿汤水喝。说来奇怪，这汤水刚入口中时，神农只觉得清香中略带一丝苦意，可咽下去后，顿觉十分甘甜解渴，新奇之下，便多喝了几碗。更神奇的是，几个钟头后，神农感到神清气爽，完全没有一丝中毒的迹象！这次因祸得福的经历是神农意想不到的，他非常开心，因为终于得到了解毒的草药。可它究竟是什么呢？神农就开始从身边的植物中仔细查证，一番排查之后，发现锅的旁边有一棵枝叶茂盛的矮树，锅内的叶子就是从这棵树上飘落下来的。于是，神农就采摘了很多树叶回去。

　　回到部落后，神农拿这种树叶煎熬成汤水来喝，并注意自己身体的感觉和变化。坚持了一段时间以后，他发现这种树叶不仅没有毒，还有生津解渴、利尿解毒、提神醒脑、消除疲劳等作用。于是，神农就将它取名为"茶"，并将其作为部落的"圣药"。如果部落里有人中毒或者生病，神农就用茶来为他们治疗，很多病人服用茶水之后便痊愈了。就这样，茶正式走进了人类社会，走入人们的生活。

　　神农氏与茶的传说开启了我国人民与茶的神奇缘分。其实，茶参与人们的生活不仅仅出现在上古

茶进入人们的生活有深厚的渊源

的传说中，我们古代的很多史料都有关于茶的记载。

早在公元前 2 世纪，西汉的司马相如就在《凡将篇》中提到了"荈"，"荈"就是茶。西汉末年的文学家扬雄也在《方言》中提到茶，并把它称之为"蔎"。东汉时期的《神农本草经》将茶称为"荼草"，与它同时期的《桐君录》中将茶谓之"瓜芦木"。此外，还有诧、茗等称谓，它们都被认为是茶的异名同义字。

据研究资料考证，"荼"字就是茶字的古体字之一。"荼"最早出现在《诗经》中："谁谓荼苦，其甘如荠。"（《诗·邶风·谷风》）东晋时期的文学家郭璞在《尔雅注》中指出，"荼"就是常见的茶树，它"树小如栀子，冬生（意为常绿）叶，可煮作羹饮。今呼早来者为荼，晚取者为茗"。

而真正的"茶"字出现得比较晚，在唐代才千呼万唤始出来。茶文化在唐代迎来了第一次高潮。由于茶在日常生产生活中的应用越来越广泛，越来越重要，用作指茶的"荼"字使用的频率变得越来越高，这就使"荼"和"茶"产生了区分的必要。于是，"茶"字就从一字多义的"荼"中分化出来，成为独立的字体。

茶字第一次作为茶正式的名称出现，是在《茶经》当中。"其名一曰茶，二曰槚，三曰蔎，四曰茗，五曰荈。"在整部《茶经》当中，关于茶的提法有十余种之多，茶字是用得最多最普遍的。从此，在古今茶学书中，茶字的形、音、义也就固定下来了。

《茶经》是被人们尊称为"茶圣"的唐朝人陆羽的作品。它是世界上第一部茶学专著，全面叙述了茶区分布、茶叶的生长、种植、采摘、制造和品鉴。另外，它还为茶的起源提供了重要的佐证。《茶经》中记载了这样一个故事：

晋武帝在位的时候，有一个宣城人叫秦精，常常到武昌山去采茗（采茗就是采茶之意）。有一次，秦精在采茗的时候遇到了一个野人。这个野人长得很高大，身高一丈有余，满身都长着毛。野人把秦精带到了山脚下，把一大丛茗指给他就离开了。于是，秦精就开始采茗。不久，野人又回来了，还从自己怀中取出味道甜美的柑橘送给秦精。

故事中提到的武昌山位于今天的湖北省鄂州市西南，属我国的长江流域，与"茶者，南方之嘉木也"的说法完全契合。

另外，巴蜀一带也是茶的发源地之一。据汉代《华阳国志·巴志》记载："自西汉至晋，二百年间，涪陵、什邡、南安（今剑阁）、武阳皆出名茶。"还有，"周武王伐纣，实得巴蜀之师……丹漆、茶、蜜……皆纳贡之"。秦始皇在一统华夏之后，也曾将六国的俘虏迁到巴蜀地区。这样一来，中原地区和当时地处偏僻的巴蜀地区就有了进行交流的可能，也向巴蜀地区的茶文化敞开了传播的大门。这说明，巴蜀地区早在西周时期就有了人工种植的茶园，并将茶作为进献给周天子的贡品。明末大儒顾炎武也在他的作品《日知录》中提供了旁证——"自秦人取蜀后，始知有茗饮之事"。

有关巴蜀地区茶文化的盛行，最直接的证据可以从西汉王褒所写的《僮约》中找到。王褒是汉宣帝在位时期的谏议大夫。神爵三年（公元前59年），王褒从成都一个姓杨的寡妇府中买了一个叫做便了的家奴，《僮约》就是为便了所立，约中规定了便了需要去做的种种劳役，其中就包括了"烹茶尽具""武阳买茶"两条。由此可知，饮茶不仅在当时的四川地区已经深入人们的生活，并且还出现了武阳这样的茶叶市场。综合后来的文献记载来看，成都可能在秦汉乃至魏晋时期都是我国茶叶生产和制作的中心以及茶文化的发祥地。

其实，巴蜀一带作为茶叶的发源地不仅有文字记载为证，更有适应茶叶生长的气候条件。这里气候温暖湿润，原始森林茂盛，土壤肥沃，这样的条件非常适合茶树的生长。在远古时代的冰川时期，很多动植物都因为不适应气候的骤变而陆续死去，而茶树却因为滇贵川特有的自然气候条件而得以生存。

时至今日，云、贵、川一带还长有众多的野生茶树。其中，1961年在滇南勐海县大黑山原始丛林中发现的高达32米、迄今世界上最大的野生茶树。同样在云南的哀牢山，在千家寨的原始森林中，还发现了迄今为止世界上最古老的茶树，据专家考证，这棵大茶树已经有2700多年的历史了。

因此，有科学家指出，茶是以中国的滇贵川为中心向其他区域辐射传播的。更有观点认为，地球北纬45°以南、南纬30°以北区域内所种植的茶树，大部分都源于我国的滇贵川地区。

茶的发展历史

在日常生活中，我们早已习惯了以茶待客，希望通过一杯热茶来传达自己的情谊。其实，茶最初出现在世人面前的时候并不是一种饮品，而是一种药。从传说中的神农尝百草以茶解毒一直到春秋时代之前，我们的先人们还只是把这种咀嚼起来略带苦味的植物当作一种药或药引。

春秋时期之后，茶开始作为一种食物出现在人们的餐桌上。据《诗疏》记载："椒树、茱萸，蜀人作茶，吴人作茗，皆合煮其中以为食。"在汉代之前，人们就把茶当作一种蔬菜，并把它做成菜肴或是汤羹来享用。不过，对于最初的"茶食"而言，它的药用价值仍要大于实用价值。

随着时间的推移，茶在三国时期成为一种奢侈的饮品，只在宫廷和贵族之间流传，普通百姓根本喝不起茶。就是富贵之家也只是来了尊贵的客人，才端茶待客。这种情况到东晋时期发生了改变。据《世说新语》记载，一位郁郁不得志的名士在东晋南渡不久之后去建康（今南京）朋友家里做客，主人吩咐仆人端茶待客，客人感到很吃惊，因为他的这位朋友只是当时的一位名士，算不得豪富之家，于是他就问他的朋友这是不是茶。正是在东晋这个时期，茶脱离奢侈品的行列，成为建康和三吴地区的一般待客之物。同时，茶还在这一时期成为酒的替代品，江东的一些豪族常常以茶代酒来标榜自己的清廉。

唐朝是封建文化的顶峰，也是茶文化形成的主要时期。茶在唐朝迎来了第一个发展高峰。在唐代，上至皇宫显贵、王公大臣，下至僧侣道士、文人墨客、黎民百姓，几乎全都是饮茶爱好者。不仅如此，嗜茶如命的文人们开始用自己最为擅长的文学体裁来表达自己对茶的热爱之情。世界上第一本完整的茶书——《茶经》，也于这个时期出现。同时，制茶的技术也得到了长足的进步。茶宴逐渐成为一种流行于皇宫、寺院、文人雅士之间的重要交际形式。此外，还有饼茶和串茶两种新型的茶品在唐朝问世。茶在这一时期成为人们交流的纽带。

到了宋朝之后，茶文化迎来了第二个发展高峰。做工精巧的"龙凤团茶"就是在这一时期出现的。龙凤团茶无论是制作还是饮用都非常繁琐。到了宋朝中后期,随着用蒸青法制成的散茶的出现,团饼一统天下的局面被打破。散茶后来居上,成为茶叶生产的主流。

元朝定鼎中原之后,茶的发展一度陷入沉寂。不过,此时茶又重新回到了平民百姓的日常生活中。茶事活动也不再像以前那样具有浓郁的文人风雅之气,而是融入了更多的市井色彩。另外,茶肆的兴盛使得茶事和说唱话本产生了非常紧密的联系。茶文化开始呈现出民俗化的特点。

元末战乱不休,农民出身的朱元璋统一了全国,建立起大明王朝。朱元璋对农事十分关心,当发现制作"龙凤团饼"过于劳民伤财时,他就下令停止制作团饼,只许制作散茶。朱元璋的命令引发了茶界有史以来最大的革命,其影响一直持续到今天。明朝的茶叶发展史上主要出现了四件大事:一是诞生了沿用至今的撮泡法,二是出现了茶艺中所用的经典茶具——紫砂壶,三是形成了新茶类不断涌现的潮流,四是涌现了大批量的专业茶书。

到了清朝之后,我国的茶文化完成了从鼎盛走向顶级的转化。茶文化在这一时期深受推崇,散茶开始成为茶叶的主要形式。七大茶系在这一时期已经初步形成。我们今天常说的绿茶、红茶、白茶、黄茶、黑茶、乌龙茶和花茶在当时均已出现。茶和人们之间的关系变得更加紧密。

以上便是一部完整的茶的发展史。纵观逝去的这些岁月,茶经历了药用、食用及饮料等阶段之后,最终成为日常生活中深受人们喜爱的饮品。

茶树的三种形态

在我国古代,人们对于茶树的认识多数都停留在形象化的描述之上,最典型的如陆羽在《茶经》中提到的"茶者……其树如瓜芦,叶如栀子,花如白蔷薇,实如拼栏,茎如丁香,根如胡桃"。到20世纪中叶,随着科学的进步,人们对茶树的内在特征和外在特征已经有了全面深入的了解,对于茶树形态的认知也更为科学。

茶树的品种达数百种之多，大致分为三大类：

第一类是乔木型大叶种。这个类型一般以野生大茶树为主，它最大限度地保持了野生茶树的原始属性，茶气最足。其中以云南大叶种茶最为著名。我们平常所喝的普洱茶都是以大叶种茶作为原料。乔木型的云南大叶种茶植株高大，分枝部位明显，有明显主干。它的萌发期在早春，而且育芽能力强，芽叶肥壮，呈黄绿色，茸毛特别多，持嫩性强。盛花期在每年的十月上旬，结实率较低，芽叶产量较高。此类茶树叶子以椭圆形为主，叶片鲜绿而有光泽。不过，真正的野生大茶树并不多见，因此不能将是否野生作为判别好茶的唯一标准。

第二类是半乔木大中叶种。此类茶树属于栽培过渡的类型，树高和分枝介于乔木型和灌木型之间。这样的茶树也不多见，主要产地有广东潮安凤凰镇，不过树龄在200年以上的茶树仅有3000余株。此类茶树很大程度上也保持着茶的基本属性，比起未经培育的野茶来，更加适合当代人多种多样的体质，是不错的饮品。

第三类为灌木型中小叶种。此类茶树属于人工种植的类型，它已经经过人们的彻底驯化，变成了可以广泛种植的作物。这类茶树通常没有明显的主干，分枝较密，多近地面，树冠较小，叶片较小，茸毛较少，叶片的色彩呈现出绿色或是深绿色，角质层厚，抗旱能力强。此类茶树虽然茶气不及前两类足，但是产量高、适应性强这两个特点使其成为数量最多的茶树。另外，它的饮用和养生效果都良好，是当代生活中不可缺少的饮品。其中比较有名的品种包括安徽省金寨燕子河种、霍山大花坪种、河南省的信阳种及陕西的紫阳种等。因此，第三类茶树所产的茶叶是我们平日饮茶的主要来源。

茶区的分布

我国不仅是公认的茶的发源地，更是世界上的产茶大国。2007年之后，茶叶的年产量已经突破了100万吨。能够有如此高的产量，一方面是先进的技术、优良的品种及茶农的努力的原因，另一方面也与茶区广布有着密不可分的联系。

茶是一种常绿灌木，适应能力极强。它一般喜欢在亚热带及热带的气候中生长，在20～25℃长势最旺。茶树的适应能力特别强，从海拔几十米的丘陵到海拔数千米的高山到处都有它的身影，而我国幅员辽阔，气候多样，正为茶的生长提供了非常便利的条件。茶的足迹遍布全国18个省区，而且不同的地方所产的茶各不相同，各有千秋。为了便于研究管理，全国产茶的地方被划分为西南茶区、华南茶区、江南茶区和江北茶区。下面就让我们来一一认识这四个茶区。

西南茶区是我国最古老的茶区，地理上包括了云贵川三省和西藏东南部。其中云贵高原是茶的原产地。该地区地形复杂，气候差异较大，土壤类型多样，茶树的种类也很多。大多数茶树都属于灌木型和小乔木型，只有部分地方有乔木型的茶树。另外，茶树品种资源丰富也是该区的一大特点。代表茶品有云南红碎茶、普洱茶、毛尖、蒙顶茶、峨眉毛峰等。

华南茶区是中国最适宜茶树生长的地区。该区水热资源丰富，大多地方为赤红壤，土壤肥沃。从范围上来看，两广、福建、台湾、海南等地区都属该区。华南茶区品种资源丰富，各种类型的茶树品种在此均有分布。代表茶品有福鼎的功夫、武夷岩茶、安溪的铁观音、潮州的凤凰单枞、福鼎的白毫银针和白牡丹等。

江南茶区位于长江中下游南部，是我国茶叶的主产区，每年产量占据全国总产量的三分之二。这里四季分明，年平均气温在15～18℃，且地形以丘陵低山为主，仅有少数如庐山、黄山等海拔较高的地区，土壤主要是红壤。生长在这一茶区的茶树多为灌木型中叶和小叶种。代表茶品有西湖龙井、黄山毛峰、庐山云雾等。

江北产区是我国最接近北方的茶区，位于长江中下游的北部。这里地形复杂，土壤的酸碱度比其他茶区偏高，降水偏少，常使茶树遭遇干旱的危机。幸好有少数比较良好的小区域气候保证了茶的品质。生长在这一地区的茶树以灌木型中叶种和小叶种为主。代表茶品有六安瓜片、信阳毛尖等。

以上便是我国茶区的概况。世界上的产茶大国除了中国之外，还有亚洲的印度和斯里兰卡、非洲的肯尼亚等。下面就让我们一起来了解一下世界其他茶区的情况。

1903年，肯尼亚出现了第一片人工种植的茶林。但是，在很长一段时间之内，茶叶产量的增长速度都很缓慢，直到20世纪50年代后期，情况才有所改观。肯尼亚的茶叶种植区主要集中在肯尼亚高原海拔1500～2700米的地区，丰沛的雨水为优质茶叶的生长提供了便利的条件。在肯尼亚，茶树全年都能发芽，都可以生长，但是要想得到优质的茶，就得选择1月后期和2月、7月初期采摘的茶叶做原料。正是这个气候上的优势使得肯尼亚成为世界上主要产茶国之一。CTC（Crush Tear Curl的首字母缩写，意为碎茶）红茶是肯尼亚的代表茶品。

1823年，一名来自苏格兰的雇佣兵发现了印度当地的土著居民正在饮用野茶制作的饮料。1835年，印度开始在种植园中大规模种植茶叶。1838年，首批8箱阿萨姆茶运抵伦敦。1852年，印度的茶叶生产开始获利。从此，茶叶种植业在印度蓬勃发展起来。

现在，印度已经成为世界上的茶叶生产大国，拥有13000多个专门用来种植茶叶的种植园。印度生产的红茶约占世界红茶产量的30%，CTC茶约占65%。印度的茶区主要集中在大吉岭、阿萨姆、尼尔吉里斯山一带。代表茶品有大吉岭茶、阿萨姆茶和尼尔吉里茶。

斯里兰卡原来是咖啡的主要产地。1867年，茶树的种子首次在斯里兰卡播种。1870年，斯里兰卡出产的优质茶在伦敦拍卖行卖出了很高的价格。从此，茶叶种植业在斯里兰卡飞速发展。如今，斯里兰卡也成为世界上主要的产茶大国之一。

斯里兰卡有6个主要的茶叶生产区：加勒，位于斯里兰卡南部；拉特纳普拉，在首都科伦坡以东55千米处；康提，位于古都附近低海拔地区；努沃勒埃利耶，地处海拔最高的地区，生产斯里兰卡最优质的茶叶；丁比拉，处于中部山区的西部；乌沃，位于丁比拉东面。代表茶品有肯尼尔渥斯茶、艾伦山谷茶和加拉波达茶等。

除了我国和上述三国之外，世界上的产茶大国还有亚洲的越南、欧洲的俄罗斯和大洋洲的巴布亚新几内亚等国。这些产茶大国每年生产茶叶的数量大约要占到世界茶叶年产量80%的比重。正因为茶区在这些产茶大国广泛分布，世界人民的喝茶需求才能得以保障。

茶叶成分与判断标准

茶是我们平日饮用养生的佳品。茶之所以有如此功效，都是由茶叶的内含物质决定的。换言之，就是茶叶的成分决定了它具有适于饮用和滋养身心的功效。

茶叶的成分包括各种营养物质在内有十一大类之多，细分起来有上百种。它们的效用广泛，对于茶叶的香气、色泽、滋味以及营养的保持和疾病的预防都有着决定性的影响。

具体来说，茶的营养物质包括热能、蛋白质、碳水化合物、脂肪、维生素、矿物质等。茶是一种低热能的食物。在以泡茶为主的饮茶方式的主导下，茶叶中所含的热能大部分都流失殆尽。又因茶叶中的蛋白质大部分都不溶于水，所以在饮茶过后吃掉茶叶有助于吸收茶中的营养。另外，茶叶中所含的碳水化合物、脂肪、维生素等在为人体提供热量的同时，还能起到护肝解毒的功效。

除了营养物质，茶中所含的茶多酚、咖啡碱等物质还具有多种药理作用，正是这些药用成分的存在才有了茶的特性。而构成其特性的物质主要包括两大类：

一类是茶多酚。它又称为茶单宁，占茶内质总量的20%～30%，是茶的主要物质。其中儿茶素又占茶多酚的60%～80%。茶多酚的功能众多：它可以增强毛细血管的功能；可以抵抗细菌和炎症，抑制病原菌的生长，拥有灭菌的作用；可以缓和胃肠紧张，防炎止泻；可以与重金属盐和生物碱结合起到解毒除毒的作用；能够影响甲状腺的功能，有抗辐射损伤作用；能够作为收敛剂用于治疗烧伤；可以影响维生素 C 代谢，刺激叶酸的生物合成；能够增加微血管韧性，防治坏血病，并有利尿作用。

另一类是生物碱。它占总量的3%～5%，包括咖啡碱、茶碱和可可碱等。咖啡碱能够兴奋中枢神经系统、消除疲劳、提高劳动效率；可以调节体温，消除支气管的痉挛现象；能够护肝解毒；可以降低胆固醇和防止动脉粥样硬化。最重要的是咖啡碱与多酚类物质复合使其具有咖啡碱的药效而无咖啡碱的副作用。

对茶叶的成分有所了解之后，我们就对茶有了更进一步的认识。但是无论是了解茶的成分也好，茶树的三种形态也罢，都还只是纸上谈兵。现在，我们就要一起进入与茶亲密接触的地带——判断茶叶的好坏。

我国茶品种类众多，仅就六大茶类、十大名茶再加上不同工艺加工的茶品，就令我们眼花缭乱。到底选哪一种好呢？如何选择才能得到自己最中意也最适合自己的茶呢？

其实，对于茶叶好坏的判断主要根据两个方面：一个是茶的品质，另一个是茶的级别。

自古道"好山好水出好茶"，优秀的生态环境是出产好茶的先决条件。山清水秀之地多产好茶，比如西湖龙井、碧螺春、六安瓜片等都是如此。适宜的温度、湿度、日照时间、特殊的土质再加上优良的品种，一代好茶就此诞生。

古人曾用"橘生淮南则为橘，橘生淮北则为枳"来形象地说明环境与物种之间的关系，这个道理对于茶同样适用。我国的茶叶原产于云贵川的大山当中，适于在亚热带气候中生长。它能够在10℃以上开始萌芽，20~30℃是茶最适宜生长的温度，30℃以上，茶就会生长缓慢甚至停止生长。不过，有时候，尽管只是一小段路程的差距也会直接影响茶叶的品质。

让我们以大家比较熟悉的太平猴魁为例。"两叶抱一芽"是上等太平猴魁的特点之一，也就是说，制成太平猴魁的茶叶要选左右两片迅速生长的，这样制成成品之

太平猴魁

后就可以将芽头抱在两叶中间。可是，经过实地考察之后，我们会发现所谓的"两叶抱一芽"只有太平猴魁最好的产地猴坑山上的茶叶才有这样的特点，与猴坑山相隔不远的山中所产的茶却无法做到。

为了解开这一谜团，曾有专家建议将原产南方的茶移植到北方去。

但是，就像古人所说，"叶徒相似，其实味不同"。茶的级别并不是由地域决定的，而是与采摘的时间和部位有关。通常情况下，采摘时间早的要优于采摘时间晚的，比较嫩的芽头要优于相对较老的枝叶。但是，需要注意的是并非所有的茶都是如此。不同的茶品有自己不同的特性。以十大名茶之一的六安瓜片为例，制作它的最佳原料并不是最嫩的芽头，而是谷雨前几天长出的第二片叶子。相反，最嫩的芽头却只能成为"金寨翠眉"的加工原料。而后者要比前者在品质上差很多。

另外，茶的级别高低还直接受加工程度的影响。即使是同一天采摘的鲜叶，即使制作茶叶的是同一个人，也会因为茶加工程度的不同而成为不同等级的茶。

基本茶类与再加工茶

一茗一茶香，一味一人生。种类繁多的茶品为我们带来百味人生。茶有众多的划分标准，比如可以按照地区分为江苏茶、浙江茶、四川茶等；可以按季节分为春茶、夏茶、秋茶、冬茶；可以按照加工程度分为毛茶和成品茶。综合以上的划分标准，我国的茶叶可以分为基本茶类和再加工茶类两大部分，其中基本茶类有六种。

这六大基本茶类就是我们常见的红茶、绿茶、黄茶、黑茶、白茶和乌龙茶，它们是以鲜叶在加工中是否经过发酵及发酵程度如何进行分类的结果。所谓发酵，就是一种生物氧化的过程。

茶的发酵通常有这样几种形式：湿热氧化、菌类发酵、酶促氧化和自然陈化。其中六大茶类中的黄茶是湿热氧化的产物，黑茶是菌类发酵的产物，乌龙茶和红茶是酶促氧化的产物。正是发酵程度的不同才造就了各种不同的茶类。

在六大茶类中，绿茶是完全不发酵的茶。它是我国产量最多的一类茶叶，遍布于全国18个产茶省区。我国的绿茶无论是花色还是品种均居世界之首，每年出口的数量大概要占到国际茶叶市场销售量的70%左右。尤其是传统的眉茶和珠茶深受国内外消费者欢迎。

白茶是仅次于绿茶的微发酵茶，是我国的特产。它的加工方式也与其他茶类略有不同，只将细嫩、叶背满茸毛的茶叶晒干或用文火烘干，而使白色茸毛完整地保留下来。白毫银针、白牡丹是白茶中的极品。

发酵程度排在第三位的是黄茶。黄茶属轻度发酵的茶，因为在制茶过程中经过了闷堆渥黄，所以形成了黄叶、黄汤。代表茶品有君山银针、霍山黄芽。

青茶即乌龙茶，是半发酵的茶。它是制作时适当发酵，使叶片稍有红变，介于红茶和绿茶之间的一种茶类。我们常见的铁观音、大红袍、凤凰水仙、冻顶乌龙等都是乌龙茶的代表茶品。

红茶是六大茶类中全发酵的茶，发酵程度达到了90%~100%。红茶与绿茶最大的区别在于加工方式。红茶加工时并没有经过杀青，却多了萎凋的工序。红茶的代表茶品是祁门红茶和正山小种。

黑茶是六大茶类中最与众不同的茶品。它属于后发酵茶，即黑茶的发酵过程属于微生物发酵，发酵度达到了80%~90%。黑茶是藏、蒙、维吾尔等兄弟民族不可缺少的日常必需品。黑茶的代表茶品有广西六堡茶，云南的紧茶、扁茶、方茶和圆茶等。

而所谓的再加工茶是在以上六大基本茶类基础上发展而来。它是将各种毛茶或精制茶进行再加工的产物，主要包括花茶、紧压茶、液体茶、速溶茶及药用茶等。其中花茶和药用茶是我们平时生活中最常见的。

花茶是用花香增加茶香的一种产品，在我国很受喜欢。它根据茶叶容易吸收异味的特点，以香花为窨料加工而成。一般是用绿茶做茶坯，少数也有用红茶或乌龙茶做茶坯的。茉莉花茶是我们平时最常见的花茶。

药茶是将药物和茶叶拌在一起加工而成，主要用于提升药效，调和药味。这种茶种类很多，比较常见的有"午时茶""姜茶散""益寿茶""减肥茶"等。

再加工茶使得茶在基本茶类的基础上又有了进一步的发展，催生了众多新的茶品。不过，从世界范围来看，在上述茶类中，红茶的数量是最多的，绿茶排在次席，而白茶是最少的。

茶的各种分类

经过数千年的培育和利用，茶已经从野生变成可以大量培育的品种。随着茶品的不断丰富，数次变迁，茶的分类也出现了很多种标准。按照不同的分类方法，茶的种类也不相同。我们可以按照发酵程度、制造程序、焙火程度等来为茶分类。其中，国际上较为通行的标准是按照发酵程度对茶进行分类，而按茶色不同来进行划分是我们最耳熟能详的方法。下面就让我们来一一认识一下茶的不同分类方法。

首先，让我们来看一看最为常见的按茶色不同来划分的方法。一般来说，茶可以按照茶色分为绿茶、红茶、青茶、黄茶、黑茶、白茶这六大类，其中绿茶是最多和最常见的。

绿茶是我国古代最主要的茶类品种。直到明代，其他茶类才陆续加入。直到如今，绿茶还是诸多茶品当中产量最大的。我国的绿茶基地主要分布在浙江、安徽、江苏三省。绿茶是不发酵茶，根据干燥和杀青方法的不同可以分为烘青绿茶、晒青绿茶、蒸青绿茶和炒青绿茶。

我国是世界红茶的发祥地。红茶在我国分布广泛，遍布福建、广东、云南、台湾、浙江等省。红茶种类较多，主要可以分为小种红茶、工夫红茶和红碎茶三大种类。

青茶就是乌龙茶。优质的乌龙茶素有"绿叶红边镶"的美誉。主要分布在福建的闽北、闽南及广东和台湾三省。

黄茶远在唐朝时期就成为贡品，是我国特有的茶类。它主要分布在湖南、湖北、四川一带。

黑茶生产历史悠久，花色品种丰富，以云南普洱茶最负盛名。主要分布在湖北、湖南、四川、云南等省。

白茶是福建省的特产，是我国茶类中的特殊品种，被视为茶中珍品。在其基本工艺中，萎凋是形成白茶品质的关键。

按茶色不同划分的方法是我们最常见的分类方法。对它有所了解之后，再让我们一起来看一下按发酵程度分类的方法。这种分类法是国际上比较通行的标准。茶按照发酵程度的不同可以分为不发酵茶、半发酵茶和全发酵茶。生活中常见的红茶就是全发酵茶，而绿茶则是不发酵茶，青茶是位于二者之间的半发酵茶。

不过，需要注意的是茶叶发酵程度的高低会有小幅度的误差，并不是绝对的。一般情况下，红茶的发酵程度为95%，黄茶的发酵程度为85%，黑茶的发酵程度为80%，白茶的发酵程度为5%~10%，绿茶是完全不发酵的。此外，还有两种特殊情况，一是青茶中的毛尖并不发酵，二是绿茶中的黄汤有部分发酵的情况。

除了上面两种分类法外，还有其他几种分类方法。

第一种便是按照制茶的原材料进行分类。

茶农通常会选择新鲜的茶树叶作为制茶的原料。不同的茶对于原料有着不同的要求。有的茶要求用鲜嫩的芽头作为原料，这种茶制成之后就被称为"芽茶"。芽茶以白毫作为特色，并以茸毛的多寡来决定品种的归属。我们平常熟悉的龙井、白毫、毛峰等都属于芽茶。有的茶要求用新鲜的茶叶作为制造原料，这种茶制成之后就被称为"叶茶"，典型的代表就是铁观音。

第二种是按照薰花分类。

茶有一个特性，就是容易吸收别的气味。如果茶的旁边放着一罐油漆，不久之后，茶中就会混有油漆的气味。我们可以利用茶的这种特性将茶与各种花拌在一起，使茶将花香吸入其中。按照是否经过薰花这道工序，茶有素茶和花茶的分别。所谓素茶就是没有经过薰花的茶叶，而经过薰花的茶叶则称为花茶。

第三种是按照制造工序分类。

按照制造程序的先后，茶可以分为毛茶和精茶两类。各种茶进行初制之后就成了毛茶。毛茶的外形比较粗放，含有大量的黄片和茶梗。当毛茶经过分筛、拣梗之后，成品形状整齐，品质划一，这时，毛茶就变成了精茶。

第四种是按照焙火程度进行分类。

焙火是成茶精制过程中的关键步骤，它决定着茶汤的品质好坏。正确的焙火能够将茶汤的品质有效地提高。按照焙火程度的不同，成茶可以分为生茶、半熟茶和熟茶三种。制取生茶比较简单，只需轻焙火，将茶中的水分焙干到5%以下就可以了。若想得到熟茶就要保持持续的长时间焙火。而半熟茶的火候在生茶和熟茶之间，需要的焙火程度要比生茶稍高，需要的时间也略长一些。

第五种是按照萎凋程度来进行分类。

所谓萎凋是茶叶制作过程中的一道工序。它的位置排在杀青之前，用来排解茶叶中的水分。根据萎凋的程度不同，茶可以分为不萎凋茶和萎凋茶。我们常见的六大茶系中，绿茶、黑茶和黄茶属于不萎凋茶，而白茶、青茶和红茶属于萎凋茶。

俗语说："在又苦又甜的茶里，可以领悟到生活的本质和哲理。"对茶的分类有所了解之后，我们就可以在琳琅满目的茶品中游刃有余，根据自己的需要选择满意的茶品了。

六大茶类的茶性特征

唐代药学家苏敬在编撰《新修本草》时曾写下了这样的文字："茗，苦茶，味甘苦，微寒无毒。"后世的《茶经》《本草拾遗》《本草纲目》等都延续了这一说法。由此可知，茶性本寒在古代已经成为一种广为流传并被普遍接受的观念。

不过，苏敬的这一论述却是具有一定的局限性的，因为在我国古代，绿茶占据了茶叶市场的大半。我国古人关于茶性的论述绝大多数是以绿茶作为论述对象的，而绿茶恰恰是保存茶的基本属性最多的茶品。

茶性本寒，喝茶者的体质多种多样，有些人的体质根本无法适应茶的寒性。于是，为了使茶适应更多不同体质的喝茶者，人们便开始了对茶性的改造，不断改良和培育新的茶品。就这样，随着时光的不断流逝，我们现在最为熟悉的六大茶类陆续出现了。

六大茶类的陆续出现为不同体质的喝茶者带来了福音，也使茶真正走进了人们的生活。茶不再是某些特殊体质者的禁忌，反而成了他们滋养身心的好帮手。从此，人们可以自由地根据自己的身体情况来选择适合自己的茶品了。

那么究竟怎样做才能选到适合自己体质的茶品呢？现在就让我们一起去了解一下六大茶类的茶性吧。

绿茶是我国传统的茶类，对茶的本质属性保持得最为完整。绿茶味苦性寒，能够清热去火，生津止渴，消食化痰，对于轻度胃溃疡还有加速愈合的作用，并且能降血脂、预防血管硬化。所以，容易上火、身形较胖的实热体质的人比较适合饮用绿茶。

红茶是茶性被改造得最彻底的茶类。它味甘性温，可养人体阳气，并能生热暖腹，增强人体的抗寒能力。同时，红茶还是助消化、去油腻的好帮手。所以，一些肠胃和身体比较虚的人可以选择刺激性较小的红茶作为自己的饮品。

青茶就是我们常说的乌龙茶。它是介于红茶和绿茶之间的茶类，既有绿茶的清香和天然花香，又有红茶醇厚的滋味，不寒不热，温热适中。多饮乌龙茶可以帮助人们润肤、润喉、生津、清除体内积热，使人体能够快速适应自然环境的变化。

黄茶与绿茶的制作工艺相似，不过多了一道闷黄的工序。它茶性微寒，适合体热者饮用。夏天天气酷热，选择黄茶可以起到祛暑解热的功效。若是工作繁忙时，饮上一杯黄茶，可以很好地缓解疲劳。

白茶是我国茶叶中的珍品。外形芽毫完整，满身披毫，毫香清鲜，味道清淡，茶性偏寒。白茶中富含氨基酸、茶多酚、维生素等多种营养和药用成分，可以提高人体的免疫力，拥有防癌、抗癌、解毒、防暑的功效。肥胖人群、发烧患者和老年群体中的免疫力低下者适合饮用白茶。

黑茶是后发酵茶。因为有了后发酵这道工序，黑茶的茶性变得更加温润，去油腻、消脂肪、降血脂的功效十分显著。平常喜欢以肉制品作为饮食主体的人们可以选择喝黑茶。

除此之外，六大茶类中还有一些特殊的茶品，它们的茶性同所属的茶类略有不同，这是我们在选择茶品时需要特别注意的。

从茶性本寒，到由寒转凉，到由凉转平，到由平转温，茶性发生了巨大的变化。了解茶性的变化是以茶养生的基础，我们只有熟悉茶性，才能顺应茶性的规律选择最适宜自己的茶品，才能使茶滋养身心的功效充分发挥。

茶的鉴别

茶叶品种繁多，规格各异，要想从中选出优质的茶叶，并非易事。可以说，茶的鉴别工作是一个非常有技术含量的工作。不过，作为普通的喝茶者，我们并不需要像专业人士那样对于茶的每一个细节都面面俱到，一般只要做到用眼看、用鼻闻、用嘴尝这三点就足够了。

1. 用眼看

所谓用眼看，就是观察茶叶的外形，检查它的条索、嫩度、色泽和净度是否合乎成茶的规范。

条索就是条形茶的外形。具体评判的标准为：凡是外形紧细、圆直、匀齐、身骨重实的就是佳品，凡是外形粗松、松散、短碎的就是次品。检查茶叶的嫩度主要是看芽头的多少、原叶质地的老嫩和条索的光润度。通常情况下，各种茶叶的成品与茶汤都有各自标准的色泽。不过，好的茶汤都清澈鲜亮，并且有一定的亮度；而用次品泡出的茶汤则浑浊或有沉淀物。检查茶叶的净度是用眼看的最后一道工序。所谓检查净度就是看茶叶中是不是含有茶梗、茶末或是其他非茶类的杂质在其中。

2. 用鼻闻

我们常说一杯香茶，或是茶香沁鼻。可见，茶香是茶的一个非常重要的标志。我们可以利用自己的嗅觉来审评茶香是否纯正和持久。任何好茶都是没有异味的，这是以茶香来辨别茶叶好坏的关键所在。优质的干茶，闻起来一定是清香扑鼻，醒脑清目。而茶汤的香气则是以纯和浓郁作为佳品的规范。若是有油臭味、焦霉味或是其他异味的就是次品。

另外，我们还要注意在闻花茶茶汤香气的时候要分三次去闻。第一次称为热闻。速度一定要快，要在闻到茶气的一瞬间去捕捉它最重要的特征——鲜灵度。第二次称为细闻，一定要细细地品味茶气是否香醇。第三次称为冷闻。在这一过程中一定要使劲，因为要确定此茶的香气是否持久、浓厚。

3. 用嘴尝

当前两步完成之后，我们对茶已经有了一定的感性认识。不过，若要真正了解茶的奥秘，我们还需要去亲自品一品茶的滋味。

人们常说，品茶是一种艺术享受。喝一口茶，闭目细品，当茶香和味蕾交织在一起之时，我们就会感受到茶的清香、甘美、厚重、滑润。不同的茶类有着不同的滋味，但是，有一个标准却是放之四海而皆准的，那就是苦涩味少、略带甘滑醇美之味，能在唇齿间留下香气的就是佳品，而苦涩味重、陈旧味浓或是火味重的则是次品。

经过了眼、鼻、嘴三关之后，我们与茶叶之间已经建立起非常紧密的联系。茶的一叶一芽，清香余韵都深深地留在我们心中。这样，我们就可以运用自己学到的这些关于茶的鉴别的知识来为自己选一些好茶了。

茶的一般制作流程

站在茶庄或超市的茶专柜前面，我们常常会对琳琅满目的茶品心生赞叹，总会在满足自己欣赏的欲望之后，才会拿着选好的茶品依依不舍地离开。其实，我们见到的那些或精美或古朴的茶品都是经过了若干道工序加工之后的成品。那么茶到底是怎样制成的呢？下面就让我们来了解一下茶的一般制作流程吧。

茶青是制作成茶的原料。所谓茶青就是从茶树上刚采摘下来的芽或叶子。一般的铁观音讲究要用"一芽双叶"的茶青作为原料。目前采摘茶青的方式主要有两种：一种是手工采，一种是机采。手工采包括直接手摘、镰刀/小剪刀采割和大剪刀收采三种方式。不过，在这些采摘方式中，大剪刀收采和机采的方式很难诞生极品茶。另外，采摘茶青的时候一定要注意采摘的时机，既不能太老，也不能太嫩。

茶青采好之后，就可以进入成茶的制作流程了。一般情况下，茶青要经过萎凋——发酵——杀青——揉捻——干燥等众多工序之后才能成为初制茶。成茶之后，若要使外观变得更加美观，口感变得更加有味道，初制茶还需要被进一步地精制。精制之后，经过包装，我们在茶庄或是茶专柜见到的成品茶就出现了。

以上就是茶制作的一般过程。不过，茶的种类不同，制作步骤和制作工艺也会有所不同，不能一概而论。尽管如此，这些步骤还是会在各类茶的加工过程中出现。所以，对这一流程进行详细的认知并不会扰乱我们的视听，反而会带给我们一份对于茶品的更加感性的认识。

1. 萎凋

所谓萎凋就是把采下的鲜叶（即茶青）按照一定的厚度摊放，通过晾晒，使鲜叶呈现萎蔫状态失去水分的过程。因为只有使茶青失去一部分水分，空气中的氧气才能同叶胞中的成分发生化学变化。这种化学变化发生作用的范围极广，对于茶叶的香气、滋味、汤色都有着决定性的影响。

另外，茶青采摘后，要立即摊开，避免堆置。目前普洱茶的制作中常会出现叶底变红的现象就与堆置不当有着直接的关系。为了避免类似现象发生，萎凋的时间和方式要按照茶青的采摘时间、鲜叶的嫩度、季节、气候以及厂家的设施和观念来确定。通常的萎凋方式有日晒萎凋、热风萎凋、静置萎凋、摊浪萎凋等四种。

2. 发酵

发酵是制茶过程中一道非常重要的工序。我国的六大基本茶类就是综合了茶色和发酵程度的标准进行划分的。其实，发酵的过程并不复杂，因为它只是一种单纯的氧化作用，所以只需要将茶青放在空气中就可以。

就茶青的每个细胞而言，必须要先经过萎凋才能引起发酵，然而，若是从整片叶子来看，发酵是随萎凋的进行而进行的，略有不同的地方是发酵过程中的搅拌和堆厚会在萎凋的后段加速进行。

3. 杀青

所谓杀青就是通过高温来杀死叶细胞，抑制发酵的发生。目前通行的杀青方式主要有两种。一种就是炒青。我们平常喝的茶绝大部分都是炒青的杰作。另一种叫做蒸青。日本的玉露、煎茶、抹茶等多是蒸青的产品。

4. 揉捻

等茶青成熟之后，从表面上看，茶青似乎已经干了，但实际上却还是潮湿的。这时就需要将成熟的茶青像揉面一样用力揉，使里面的茶汁流出，这就是制茶的第四道工序——揉捻。虽然揉捻是帮助成熟的茶青除去多余的水分，但是还要注意用力大小的问题，不能将茶青揉破或是揉碎，同时，也必须注意不能使茶汁流失得过多，以免影响成茶的品质。

5. 干燥

所谓干燥就是将制作完毕的茶青滤去水分的过程。它的情况有很多种。有些茶采用的是利用阳光进行曝晒烘干，如需后发酵的普洱；有些茶采用的是低温干燥法，如"捻茶"。不过，大部分茶还是在揉捻之后进行干燥的。

完成了上述五步之后，成品茶就制成了。只要再加上包装，它们就会变成人们眼中琳琅满目的花色茶品。我们就可以将自己中意的茶品带回家了。

饮茶方式的演变

当茶叶被我们的祖先发现之后，随着历史的不断发展，对于茶的利用方式也先后经历了几个阶段的发展演化，才有了如今这种"开水冲泡散茶"的饮用方式。

在远古时代，我们的先人们仅仅将茶叶当作药物。饮用方式也非常简单。当时的人们从野生的茶树上砍下枝条，采下芽叶，直接放在水中煮，然后再喝煮过的汤水。这就是原始的"茶粥法"。如此方法煮出来的茶水保持着最原始的茶气，味道清香中带有一丝苦涩之味。所以，人们称之为"苦茶"。煎茶汁治病，是饮茶的第一个阶段。在这个阶段中，茶是药。当时，茶的产量非常小，常常作为祭祀时的用品。

到了先秦两汉之际，茶的角色发生了转变，从药物变成了一种饮料。相应的，它的饮用方式也发

傣族所饮的烤茶

生了变化。人们创造了"半茶半饮"的制茶和用茶方法。就像郭璞在《尔雅注》中提到的：茶"可煮作羹饮"。也就是说，人们在煮茶的时候不仅要将制好的茶饼放在火上炙烤，捣碎后冲入开水，还要再加上葱姜橘子等调料进行调和。这种在茶中加入调料的饮法被称为"羹饮法"。

这种饮茶方法一直沿用到唐代。至今这种饮茶方法还在我国的部分民族和地区中沿袭。比如傣族所饮的"烤茶"就是在铛罐之中冲泡茶叶之后，再加入椒、姜、桂、盐、香糯竹等调和而成的。

大约在三国时期前后，饮茶方式第三次发生了革命。这种饮茶方式被称为"研碎冲饮法"，始于三国，流行于唐，盛于宋。三国时代魏国的张揖曾在他的作品《广雅》中记载了"研碎冲饮法"的全过程："荆巴间采叶作饼。叶老者，饼成以米膏出之。欲煮茗饮，先炙令赤迹，捣末，置瓷器中，以汤浇覆之，用葱、姜、橘子笔之。其饮醒酒，令人不眠。"也就是说，采下茶叶之后，需要先制成茶饼，等到需要喝的时候，我们再将茶饼捣碎，研成末，并用沸水冲泡。这种饮茶的方法同今天饮砖茶的方法是相同的。但那时以汤冲制的茶，仍要加"葱、姜、橘子"之类拌和，这是从羹饮法过渡的明显痕迹。

当冲饮法发展到唐朝之后，茶圣陆羽就明确地提出品茶要品茶的本味，不应在饮茶时加入其他调料。唐朝人将单纯用茶叶冲泡不加调料的茶称之为"清茗"。饮过"清茗"之后，还要咀嚼一下茶叶，才能品出其中的滋味。冲饮法在宋朝盛极一时，冲泡清茗在当时成为主导力量。

到了明朝，散茶在众多的制茶方式中脱颖而出，成为茶叶发展的主

流。此时，人们不必再将茶制成工艺非常麻烦的团茶、饼茶，而只需采取春天茶嫩芽，经过蒸焙之后制成散茶，饮用时用全叶冲泡即可。此种饮茶方式也由此得名——"全叶冲泡法"。全叶冲泡法始于唐代，到了明清时代才取代冲饮法成为主流。这种方法使得人们在茶的利用方式上得到了简化。散茶的品质极佳，饮后清香宜人，引起人们极大的兴趣。为了品评茶，人们逐渐发展出一整套集品评茶的色香味为一体的方案。此种饮茶方法一直沿用到现在。

如今，茶叶的发展又出现了新的变化。速溶茶、袋茶等新的制茶方式不断涌现。也许，它们会在不久的将来成为新的饮茶方式的开端。

茶具的演变历史

说到茶具，我们脑海中常会出现茶杯的形象。不错，这就是我们现代所说的茶具，它们主要是用来盛茶的容器。但是，古代茶具的范围却比现在要大得多。根据唐代文学家皮日休《茶具十咏》的说法，茶具的种类包括"茶坞、茶人、茶笋、茶籝、茶舍、茶灶、茶焙、茶鼎、茶瓯、煮茶"等。由此可知，茶具从古至今发生了很大的变化。

这时，一个疑问很自然地就会从我们的头脑中蹦出来：到底是什么原因让茶具发生了这样大的变化呢？为了得出正确的答案，我们就需要从茶具演变的历史入手开始探察了。

据人们公认的观点来看，我国茶具的演变经历了一个从无到有，从共用到专一，从粗糙到精致的过程。从茶进入人们生活的第一天起，茶具就出现了。随着茶在生活中的地位变得更加重要，各种与茶相关的技术和活动取得了长足的进步和发展，茶具也自然变得日新月异起来。

我国最早用来饮茶的器具是一种陶制的缶，口小肚大。不过，此时茶并没有独立的容器。这种缶同时也是人们吃饭饮酒的容器。这种共用的情况直到文字中出现关于煮茶器具最早记录的时候似乎也并没有改变。这本首次记录煮茶器具的文字就出自西汉时期王褒所写的《僮约》。

这份《僮约》本来是王褒为买一个仆从而写的，没想到却成为明确记载茶文化兴起的重要文字资料。王褒在《僮约》中提到:"烹茶尽具,已而盖藏。"这句话的意思就是你在煮茶之前千万要将煮茶的工具洗干净啊。由于并没有明确指出煮茶所用的工具就是专用工具,所以还不能断定此时共用时代已经结束。

不过,用于煮茶的茶具至少在西晋时期已经出现。出现的证据就是西晋诗人左思所作的《娇女诗》。左思在诗中提到了"止为茶荈据,吹吁对鼎䥶"。这句诗是对北方官宦人家饮茶情景的描绘,很显然,"鼎"就是茶具无疑。

到了南北朝时期,专门的茶器终于出现了。最先踏上历史舞台的是带托盘的青釉茶盏。据考证,它是由托盘演变而来,主要是为了防止烫伤喝茶者的手指。饼足,底部露胎是这一时期茶盏的特点。另外,器具共用的局面并没有结束,但是专门器具的出现为唐宋时代茶器的发展打下了坚实的基础。

唐代是我国茶文化发展的第一个高峰。因此,茶具也在唐朝进入了快速发展的阶段。到了中唐时期,茶具的种类就变得很齐全。同时,喝茶者还变得非常注意茶具的质地,并讲究饮不同的茶使用不同的茶具。仅《茶经》中记载的茶具就有28种之多。

到了宋代,我国茶文化的发展迎来了第二个高峰。同唐朝相比,宋代的饮茶方法已经发生了一定的变化。但是由于宋代的饮茶法都是源自唐代,所以饮茶器具同唐代大体相同,只是在总量上少了一些。

宋代茶具的变化主要集中在以下三个方面:一是改碗为盏;二是改鍑为瓶;三是改竹夹为茶钤。不过,由于斗茶之风及茶宴的盛行,人们对茶的汤色要求变得越来越高。相应地,对于茶具的要求也越来越高。这就使得制瓷业蓬勃发展起来。福建的建窑黑瓷、浙江的处州青瓷、河南的钧窑玫瑰紫釉、河北的定窑白瓷都是当时烧制茶具的产地。

元朝的茶具基本上沿袭宋制。但是,由于散茶的出现和冲泡法的萌芽,茶具还是相应地减少了。

我国的茶文化在明代迎来了第三个高峰。明代茶具对于唐宋而言称得上是一次非常大的整合和变革。明代的茶盏仍然沿用瓷烧制,但是已经由黑釉盏(碗)变为白瓷或青花瓷茶盏。其中白瓷茶盏拥有美观的造型,匀称的比例,在茶具发展史上占据了非常重要的位置。

同前代的茶具相比，明代的茶具显得非常简便，不过有了很多特定的要求。尤其是小茶壶等新茶具的出现及茶具制作工艺的改进使得明代茶具的发展上了一个崭新的台阶。在这一时期，江西景德镇的白瓷茶具和青花瓷茶具、江苏宜兴的紫砂茶具获得了极大的发展。

到了清代之后，我国的茶文化出现了第四个高峰。不过，由于仍然沿袭了明代的直接冲泡法，所以在种类和形式方面，清代的茶具并没有越过明人的规范。清代的茶盏、茶壶通常用陶或瓷制成，其中以康乾盛世时期的"景瓷宜陶"最为优秀。另外，从清代开始，一些其他材质的茶具陆续进入市场，如福州的脱胎漆茶具、海南的生物茶具、四川的竹编茶具等。这些深受饮茶者喜爱的茶具与传统的陶、瓷茶具一起共同书写了清代茶具的传奇。

一部茶具的发展史就是一部茶的传奇。如今，这部传奇又谱写出新的篇章。现代的茶具在继承传统的基础上发展出了更多的种类和花色。能量茶具、活瓷茶具等充满高科技色彩的茶具相继问世。

茶具是茶将自己的功效发挥到极致的重要帮手。有了适宜的茶具，我们便可以在喝茶养生的同时，欣赏茶具的优美，品味茶的悠悠余韵。

中国特色的名茶概述

作为茶的原产地和世界上的产茶大国，我国的茶品种类众多，仅是名茶就不少于二百种。这些茶各有特色，闻之香气扑鼻，品之回味无穷，令人爱不释手。舍下哪一种，我们心中都会怅然若失；而若要全部记载下来，费上几年的工夫也不能够完成。为了避免这样的遗憾，我们将以茶学教授陈文怀先生的观点作为依据，挑选中国的十大名茶作为中国特色名茶的代表略作介绍。

所谓中国的十大名茶就是指西湖龙井、铁观音、祁红、碧螺春、黄山毛峰、白毫银针、君山银针、蒙顶茶、冻顶乌龙茶和普洱茶。它们不仅涵盖了六大基本茶类，还个个都是我国茶中的极品，正合普通的喝茶者对于祖国名茶的探访之意。下面就让我们一起走进中国的十大名茶吧。

色香味俱佳的西湖龙井排在了十大名茶之首。它是因产地而得名，古时是进贡皇家的贡品。龙井茶的采摘要求十分严格，特别是高级龙井茶的原料一定要在清明前后来采摘。明前龙井被称为龙井中的极品。由于生产条件和制茶技术的差异，龙井茶的风格各异。现在有狮、龙、梅三个品目，以狮峰龙井品质最佳。

　　排在第二位的铁观音是我国乌龙茶中的极品，又称安溪铁观音。它的大名早已传至国外，特别受各国华侨的青睐。铁观音冲泡之后，会因为香气浓郁和滋味醇厚而形成一种特殊的"观音韵"。这种"观音韵"是乌龙茶爱好者的最爱。也正是因为香气浓郁和滋味醇厚才为铁观音赢得了"青蒂、绿腹、红娘边，冲泡七道有余香"的盛誉。

　　被称为"茶中英豪"的祁红排在第三位。红茶是世界上消费量最大的茶品。红茶品种众多，祁红却能脱颖而出。这与它集中了天时、地利、人和的优越生产条件有着莫大的关系。时至今日，祁门一带的人们大部分还是以茶为业。高香是祁红最大的特点。正是这种高香使得祁红深受各国客人的喜爱。皇家贵族也以它作为时髦的饮料。

　　我们日常用来招待贵客的碧螺春排在第四位。它原产于江苏太湖的洞庭山。碧螺春有一种天然的果香，外形卷曲好像毛螺一样。同西湖龙井一样，碧螺春中的极品也要在清明之前或是清明时节采摘。不过，它的采摘时间更短，季节性更强。

　　人们常说"五岳归来不看山，黄山归来不看岳。"黄山自古以来就有"天下第一奇山"的美誉，并以奇松、怪石、云海、温泉四绝名扬天下。可是，除此之外，黄山还有一绝，那就是位列十大名茶第五位的黄山毛峰。黄山毛峰还有一个别名叫做"黄山云雾茶"，因为它在冲泡之后总会冒出雾气，雾气会在头顶处慢慢凝结。另外，它还有一个特点就是耐冲泡。尽管已经冲泡了五六次，它的香味却并不散去。

　　白毫银针是白茶中的极品，位列十大名茶第六位。白茶的数量十分稀少，因此，身为白茶中极品的白毫银针就显得更加珍贵。它的用料非常讲究，要用福鼎大白茶和政和大白茶等优良茶树品种春天萌发的新芽。它的采摘也要求得非常严格，号称"十不采"。

　　君山银针出产于八百里洞庭的湖中小岛——君山之上，排在第七位。早在清代，君山银针就有了"尖茶"和"兜茶"之分。所谓尖茶就是要将采回的芽叶进行拣尖，将芽头和幼叶分开。而兜茶就是经过拣尖后剩下的幼嫩叶片。尖茶曾经是供奉朝廷的贡品。君山银针外形挺直，色泽金黄鲜亮，并伴有清纯的香气。

十大名茶的第八位是我国最古老的名茶——蒙顶茶。它又被称为"茶中故旧"。蒙顶茶并非一种单纯种类的茶品，而是蒙山所产的各色名茶的统称。它早在唐朝时期就已成为进献朝廷的贡品。蒙顶茶大部分都是雷鸣、雾钟等细嫩的散茶，后来又有龙团凤饼等花色的紧压茶，民国初年，蒙顶黄芽成为蒙顶茶的代表。

排在十大名茶第九位的是有我国台湾"茶中之圣"美誉的冻顶乌龙。它的鲜叶来自青心乌龙品种的茶树上，故此得名。冻顶乌龙中的佳品外观色泽墨绿鲜艳，干茶具有浓郁的芳香，冲泡之后香味近似桂花香，味道醇美甘甜，与文山包种是姊妹茶。

独具特色的普洱茶排在第十位。普洱市本身并不出产茶叶，只是一个重要的茶叶集散地而已。它的产地主要集中在西双版纳一带。现代的普洱茶，包括普洱散茶和普洱紧压茶两大类。滇青茶是它主要的原料来源。两类普洱茶最大区别就在于普洱紧压茶在制作的过程中还要加上其他不同等级的粗茶。我们平时熟悉的沱茶、饼茶、方茶、紧茶、圆茶等都是普洱紧压茶的花色。

相信对我国的十大名茶有所了解之后，你就会感觉那些名茶不再是"可远观而不可亵玩焉"的莲花了。那么现在就让我们一起出发寻找自己喜欢的名茶吧。

茶叶的选购与收藏

茶叶的选购并不是一件容易的事，要想买到令自己满意的好茶，非得下一番苦功，费一番心思不可。不过，对于普通的喝茶者而言，选购茶叶就不需要掌握那么多精致的技巧，只需要从四个方面入手就可以了。这四个方面就是色、香、味、形。

第一，我们需要学会从茶叶的颜色来识别茶的好坏。

无论是哪一种茶品都会有一定的色泽要求。比如绿茶是翠绿色，黑茶是黑油色等。此外，任何种类的好茶都有一个统一的要求，就是要色泽一致、光泽鲜亮、油润鲜活。若是不能达到这一点，就说明原料的性质并不统一，做工不佳，品质较差。

第二，我们可以从茶叶的外形来进行识别。

任何一种茶品都会有一定的外形规格要求。我们可以通过观察各种茶叶的外形是否均匀一致，色泽油润、含碎茶和枝梗等杂质的多少来对它进行品评。比如，就绿茶而言，绿润显毫是上品，若能带有白茸毛则最佳，若是叶色枯暗、甚至是死红色则为劣质茶。至于茶汤是以明亮色为最佳。此外，有一些名茶具有独特的外形。比如西湖龙井通常情况下就是表现为光平扁直，呈糙米黄色。

第三，我们可以从茶叶的香味来辨别。

每种茶都有特定的香气。因此，闻茶叶的香气也可以作为品评茶叶品质的标准。方法分为干闻和湿闻两种。干闻的时候，若是优质茶叶当无青草气或异杂味。茶叶泡开之后，湿闻茶汤之时，优质茶叶泡出来的茶汤令人闻之感到一股鲜灵清香之气，一股厚重之感，并无异味。

第四，我们可以以样茶泡开的茶汤作为观察对象进行区分。

一般情况下，喝下之后感到浓醇甘爽、回味中略带甜味的茶汤所用的茶叶为茶中佳品，而味道淡泊苦涩的所用茶叶是次品。另外，我们还可以滤去茶汤来观察叶底。凡是叶底呈现完整、柔软、厚实、鲜嫩的形状的就是好茶，而叶底单薄、粗硬、色泽晦暗的就是次品。

另外，选购茶叶之时，我们还应该看茶叶是否是正宗产地出产的，以及是不是包装上所示的品种。

以我国的十大名茶为例。西湖龙井的主要产地是杭州西湖一带的狮峰、梅坞、龙坞区；碧螺春的产地是江苏无锡洞庭湖畔；乌龙、铁观音则产于福建安溪。

即使在同一产地，高山云雾茶和平地茶品质特征也并不相同。高山茶芽叶肥壮，节间长，颜色绿，茸毛短，耐冲泡；平地茶芽叶小，叶底坚薄，叶张平展，叶色黄绿，欠光润，条索较细瘦，身骨较轻，滋味较平淡。

掌握以上标准之后，我们就可以轻松地选到自己想要的茶。接下来，我们就要进入下一步——如何将选来的茶收藏好。

俗语说：茶性易染。说的就是茶容易吸收与自己接近的物体的味道，失去自己本来的清新之气。所以，了解影响茶叶变质的因素是做好收藏茶叶工作的重中之重。据科学研究发现，水分、温度、氧气、光线和异味等都很容易影响茶叶的品质。

在对茶叶变质的主要因素有所了解之后，我们就可以因地制宜地采取措施，以尽可能地延长茶叶的保质期。对于一般喝茶者而言，家庭贮藏是最佳的选择。常见的家庭储藏方法有以下几种：

1. 生石灰贮茶法

无论是受潮，还是氧化反应，都是茶叶发生质变的必经过程。因此，在贮藏茶叶时，我们需要注意必须做到与水分、氧气的隔绝。此时，除了要选好密闭的贮茶容器之外，还要选好吸湿剂。而生石灰不仅吸水性能良好，采购也较为方便。所以，采用生石灰贮茶法是一个不错的选择。

首先，准备一个瓦缸或是木桶、陶瓷坛之类的容器，在容器的底部铺上一层生石灰。其次，将茶叶用透气性较好的纸包裹，放在石灰层上面。茶叶和生石灰的比例以不超过5：1为宜。装满后将容器口密封。一段时间之后，就更换一次石灰。这样，茶叶就不会因为吸潮而变质。

另外，我们还需要注意一点：不同品种的茶叶要分开放。如果混在一起，会出现互相串味、互相影响的现象。

2. 热水瓶贮茶法

可以用保温性能良好的热水瓶来保存比较高档的名优茶品。只需把茶叶装进热水瓶，尽量装满之后塞进盖子后即可。对于不急于饮用的茶叶，可以用石蜡或不干胶封住瓶口。这样就可以使茶叶在数月乃至一年的时间内保持清香不散。

3. 冰箱贮茶法

研究发现，如果能将温度控制在5℃以下，茶叶的质量就能保存完好。因此，通风阴凉的地方更适于茶叶的存放。放在这些地方的茶叶会因自动氧化速度的减缓而减少变质的可能性。而此时拥有优良隔热性的冰箱便是一个很好的选择。

我们可以先把茶叶装入茶罐，再在外边套上一个干净的塑料袋扎紧，直接放入冰箱内贮存。不过，采用此法时须注意一点：一定要待茶叶的温度升至室温之后再打开。这样，就可以避免因茶叶与气温的差异而导致茶叶吸湿受潮。冰箱贮茶法最适于用来贮藏名优绿茶和花茶。

4. 塑料袋贮茶法

塑料袋在生活中最常见不过，我们生活中几乎超过80%的东西都会用塑料袋来包装。所以，采用塑料袋来贮茶是目前家庭贮茶方法中最为经济适用的一种。

采用塑料袋贮茶时，要做好四个方面的工作。第一，要选择包装食品用的食品袋。第二，要保证袋子本身手感厚实，耐磨耐用。因为若是袋子上有洞或是出现异味会直接影响茶叶的品质。第三，用柔软干净的纸将要贮藏的茶叶包好，放入塑料袋中，并将袋口扎紧。这样做可以使茶香散失的程度减缓，也可以起到防潮的作用。第四，在进行完第一次包装之后，最好再用一个塑料袋进行反方向的包装。然后，我们将扎紧的茶叶袋放到阴凉干燥的地方就可以了。

除去以上四种比较常见的家庭贮茶法之外，还有两种比较切实可行的专业贮茶法。

1. 真空贮茶法

氧气始终是茶叶贮藏过程中的大敌。所以，为了保证茶叶与氧气最大限度上的隔离，我们可以先将茶叶装进事先准备好的袋子里或茶罐中，再用真空包装机将袋中或罐中的空气全部抽走。这样，装茶的容器内便形成了一个密闭的真空环境。由于氧气被抽走，所以茶叶自身无法发生氧化反应，也就不会变质了。

使用真空贮茶法最重要的是要选择好贮茶的工具。最好能选用阻气、阻氧性能比较好的铁质或铝制的拉罐或是用铝箔等材料制作的包装袋。

2. 充氮贮茶法

除了制造真空贮茶环境之外，利用空气中的其他成分来阻止茶中成分与氧气的充分接触也不失为一个好办法。因此，人们便采取向装有茶叶的封闭容器中充入氮气的方式来贮茶。氮气不仅有隔绝氧气与其他物质发生反应的功用，它本身还具有抑制微生物生长繁殖的作用。

有实验表明，绿茶在使用充氮贮茶法贮藏之后，6个月后维生素C的含量可以保持在96%以上。不过，在使用这种贮茶法的时候，一定要注意一点：必须保证在充气过程中装茶容器的密封程度。

以上便是几种简单易行的常见贮茶法。学会了这几种方法，我们就可以放心大胆地选购自己喜欢的茶品，同时又不必担心茶叶变质的问题了。

饮茶的习俗

随着饮茶方式的不断演变，饮茶习俗也在不断地发生变化。尽管饮茶的习俗千姿百态，但是如果将茶与调料、饮茶环境之间的关系作为观察的切入点，当今的饮茶习俗主要分为三种类型。

第一种就是讲究清雅怡和的饮茶习俗。这种饮茶习俗讲究用煮沸的水来冲泡茶叶，清饮雅尝，并不添加任何调料，追求茶的原汁原味。在饮茶的过程中，饮茶者要深深体味顺乎自然的意境。此种习俗同我国古老的"清净"思想不谋而合。典型代表有我国江南一带的绿茶、北方地区的花茶、西南地区的普洱茶和闽粤一带的乌龙茶等。潮汕的乌龙茶是其中的重要代表之一。

乌龙茶在闽南及广东的潮州、汕头一带非常流行。几乎家家户户、老老少少都喜欢用小杯装着乌龙茶来细细品味。对于当地人而言，品乌龙茶有很多讲究。首先，必须要有烹茶四宝相助。所谓"烹茶四宝"就是指品乌龙茶时需要用的茶具，包括风炉、烧水壶、茶壶、茶杯。其次，泡制乌龙茶必须要用甘洌的山泉水作为原汤，同时还必须满足沸水现冲的要求。整个乌龙茶的泡制过程要经过温壶、置茶、冲泡、斟茶入杯众多过程之后才算完成。

然而，这并不算最奇特的，最奇特的当属品茶的方式。品茶人先要将茶杯举起来闻香，在浓郁的茶香透进鼻孔之后，要用拇指和食指按住杯沿，中指托住杯底，将茶汤倾入口中。然后口含茶汤不断地回味，直至茶的余香慢慢升起。这种饮茶方式，其目的并不在于解渴，主要是在于鉴赏乌龙茶的香气和滋味，重在物质和精神的享受。

第二种就是兼有调料风味的饮茶习俗。特点就是在烹茶之时加上各种调料。此种习俗是唐代茶文化的影响。典型代表有侗族的打油茶、土家族的擂茶及其他民族地区的酥油茶、盐巴茶和奶茶。其中蒙古族的奶茶是我们最为熟悉的，牧民是喝奶茶的主力。

牧民喝茶非常讲究配套，除了主角奶茶之外，炒米、酥油、奶酪、白糖样样不能少。冬天的时候往往还会有肉。按照蒙古族的习俗，客人来到家中之后一定要献茶。当客人入座之后，主人要站起来，双手捧着茶碗向客人敬茶。客人也要站起，用右手接过，放于桌上。随后，主人要再用双手奉上一杯鲜奶。客人则要先用右手接过，之后换到左手，同时用右手的无名指蘸上少量鲜奶，向天弹洒之后并将手指放在口中舔一舔。

除此之外，饮用奶茶还对端茶、倒茶、茶具等方面有很多讲究。首先，端茶的时候，主人一定要保证自己穿着整齐得体，仪态端庄大方。其次，客人使用的茶碗不能有丝毫瑕疵，否则就被视为不吉利。最后，倒茶的时候，不能将茶斟得过满，并且方向不能向南向外；当在座的客人中有老人或贵宾时，主人要先将客人的茶碗接过来，再为客人添茶。

第三种就是讲求多种多样享受的饮茶风俗。此种风俗中不仅仅包括喝茶，还融合了歌、乐、舞、茶点等多种形式。典型代表是北京的"老舍茶馆"。

除了以上三种主要的饮茶习俗之外，随着生活节奏的加快，茶的各种现代变体如速溶茶、袋泡茶出现了。这种务实的现代文化会将饮茶习俗带向一个崭新的方向。

第三章

冲泡茶的技艺

自古以来，泡茶待客就是我国最重要的待客礼仪之一。每当主人将暖暖的茶汤倒进客人的茶杯时，一股浓浓的情意便从茶汤中流泻而出，融入双方的生命里。如今，时光已经流逝了千年，泡茶也越来越多地出现在各种场合之中。一杯茶的好坏不再只关乎情意的传达，而是包蕴了涵养、健康等更多的内容和目的。那么，如何才能泡出一杯令人满意的好茶呢？最佳选择就是掌握过硬的冲泡茶技艺。

冲泡法的由来

说到喝茶，我们眼前总会浮现出这样的情景：装满茶汤的杯子不断地冒着热气，茶叶在杯中浮浮沉沉，散发出缕缕清香，各色的茶汤映着白色的杯子内壁煞是好看。端起茶杯，从各种不同的角度来观察那些形状各异的茶叶，也是一种享受。而在这种享受的背后，那高提水壶、让水直泻而下的冲泡，更是美中一绝。

这种集美、技与艺于一体的冲泡法在当今非常常见。不过，它并非

集美、技与艺于一体的冲泡法

是古已有之的。关于此法的来历，我们还要从明朝开始说起。

始自明朝的全叶冲泡法是我国茶史上的一次重要变革，并奠定了当代饮茶方式的格局。而明朝之前的饮茶方式是与此有很大区别的。自从茶叶进入人们生活的那一天起，饮茶方式便诞生了。只是因为在开始的时候，茶没有作为独立的饮料出现，所以并没有引起人们的重视。这种不重视饮茶方式的情况直到唐朝才得以改观。

随着茶文化的兴起和发展，茶在唐朝发展成为深受社会各阶层喜爱的饮品。饮茶也随之成为一种全民性的习惯。就在这一时期，茶圣陆羽发明了煎茶法。到了宋仁宗年间，煎茶法逐渐被点茶法代替。尽管饮茶方式已经发生了变化，但是由于茶的制作方式并没有改变，还是以饼茶为主，所以无论是煎茶法，还是点茶法，在煮茶之前都必须先将茶饼研碎。这就使得煮茶的程序变得繁琐。

另外，自宋代开始，龙团凤饼开始流行。这是一种制作工序复杂、制作成本很高的饼茶。它的出现使得茶远离了平民百姓的生活，变成了一种只能为皇室贵族和富人享用的饮料。到了元代之后，由于统治者对中原文化并不热衷，所以茶又重新回到了平民的领域。除了少数文人保持了旧日典雅的茶文化，茶事活动更多地融入了市民的生活中。茶文化在此时呈现出一种民俗化的特征。不过，龙团凤饼流行的整体趋势并没有改变。

明朝建立之后，各地都要向朝廷进贡茶叶。当时各地的贡茶沿袭的是宋朝的做法，所有的茶叶都要碾碎之后揉制成龙团。与茶有着极深渊源的朱元璋认为这种制茶方式过于劳民伤财，会挫伤茶农的积极性。于是，他就在洪武二十四年（1391年）九月正式下令停止龙团的制作，改用芽茶作为贡茶。这道命令使得散茶成为今后茶业发展的潮流。

龙团停止生产之后，人们喝茶之前再也不需要将茶饼碾碎，而可以直接利用散茶成品。制茶方式的变化直接引发了茶具茶器的变化，饮茶方式也随之发生变化，人们可以直接用开水来冲饮茶叶。于是，一种全新的饮茶方式——全叶冲泡法诞生了。

全叶冲泡法开启了一个崭新的时代。时至今日，我们的饮茶方式还是深受全叶冲泡法的影响。不过，由于茶品的种类繁多，各地风俗不一，冲泡法也变得多姿多彩起来。

泡茶的原理

茶，几乎人人爱喝，但若是冲泡方法不得当，茶汤就会变得苦涩难喝。这样的茶不仅失掉了大半营养，还会令喝茶者心生不快，破坏品茶的意境。所以，对于喝茶者而言，学会如何泡茶便成了需要重点学习的内容。

其实，要想泡出一杯好茶并不难，只需要掌握泡茶的原理就能做到。而要掌握泡茶的原理就需要做到以下几点：

第一，要掌握茶叶用量。

到底每次应该放多少茶叶才算合适呢？每次泡茶的时候，我们都会为这个问题纠结很久。实际上，茶叶的用量并没有统一的标准，它主要是根据茶叶的种类、茶具大小以及消费者的饮用习惯来定的。

我国的茶叶品种繁多，种类各异，自然用量也并不相同。比如，饮用的是普洱茶，一杯要放5~10克；饮用的若是红茶或绿茶，茶和水的比例就要掌握在1：50至1：60之间。乌龙茶是用量最多的，几乎要占据容器容量的一半。

通常情况下，茶与水之间的比例要随着茶叶的种类和喝茶者的情况而有所不同。嫩茶、高档茶的用量要少一些，粗茶要多放一些。另外，乌龙茶和普洱茶的用量也要更多一些。对于一般饮茶者而言，茶与水之间的比例控制在1：80至1：100之间即可。喝乌龙茶时要注意增加茶叶的量，茶与水的比例掌握在1：30为宜。

另外，消费者的年龄结构、饮茶历史和饮用习惯也会对用茶量造成很大的影响。年轻人初学喝茶的人比较多，一般比较喜欢淡茶，所以用茶量要少一些；而中老年人饮茶的时间相对较长，喜欢喝较浓的茶，所以用茶量要多一些。茶被新疆、西藏这些民族地区的人们视为生活上的必需品，他们普遍喜欢喝浓茶，所以用茶量要比其他地区人们的用茶量要多一些。值得注意的是，我国广东、福建、台湾等省的人们比较喜欢功夫茶，虽然所用茶具较小，但用茶量较多。

总之，泡茶用量的多少，关键是掌握茶与水的比例，茶多水少，则味浓；茶少水多，则味淡。

第二，要关注泡茶的水温，掌握泡茶的火候。

古人对于泡茶水温非常讲究。宋代的蔡襄就曾在《茶录》中提到"候汤最难"，讲的就是泡茶的水温很难掌握。

现代泡茶水温的掌握主要由喝茶者所喝的茶决定。比如高级的绿茶就不宜用沸水冲泡，而是要用80℃左右的水为宜。而泡饮各种花茶、红茶和中、低档绿茶，要用100℃的沸水冲泡。另外，少数民族的朋友喜欢饮用砖茶，对水温要求更高，因为要将砖茶敲碎放在锅中进行熬煮。有时，为了保持和提高水温，还要在冲泡前用开水烫热茶具，冲泡后在壶外淋开水。

通常情况下，泡茶时的水温和茶叶中的有效物质在水中的溶解度是呈正比的。水温越高，溶解度就越大，茶汤就越浓；反之，溶解度就会越小，茶汤就会越淡。

第三，要控制泡茶用水的标准。

我国人民自古以来就爱好品茶，但是好茶还须好水泡。有了好水的辅助，我们才能泡出有滋有味的茶来。关于好水的标准可以从水质是否清、活、轻，水味是否甘、冽五个方面来判别。

第四，要控制冲泡的时间和次数。

在泡茶原理的诸多因素中，冲泡的时间和次数是最难掌握的。因为无论是茶叶的种类、泡水的水温，还是用茶的数量、饮茶习惯，都可以轻易地影响它。据研究发现，一般的茶叶在泡第一次时，它的可溶性物质会浸出50%~55%；泡第二次，能浸出30%左右；泡第三次，能浸出10%左右；泡第四次，基本上就所剩无几了。所以，喝茶时并非冲泡时间越长越好，通常情况下，茶泡三次就可以了。

泡茶前的准备

如何才能泡出好茶呢？从做好泡茶前的准备开始吧。它是我们迈出与好茶零距离接触的第一步。做好了泡茶前的准备，我们就能排除泡茶过程中的各种干扰，使茶叶甘美清香的滋味和滋养身心的效果得到最大限度的发挥。那么泡茶之前究竟需要准备哪些东西呢？现在就让我们来逐一了解一下。

1. 选茶和鉴茶

泡茶之前，先要选茶和鉴茶。因为只有对自己要饮用的茶叶做出正确的鉴定和区别，我们才能知道使用怎样的冲泡方法。

我国是世界上的茶叶大国，茶品种类繁多，分类标准也多种多样。目前，按照茶色差异进行划分是最通行的标准。我们通常所讲的绿茶、红茶、青茶、白茶、黄茶、黑茶等六大基本茶类就是由这个标准得来的。除了六大基本茶类之外，还有花茶等一批再加工茶。我们可以根据自己的兴趣选择茶品，并根据茶品所属的类别找到适宜的冲泡方法。

2. 选择合适的水

自古以来，茶人就十分重视泡茶的水，爱水入迷。他们认为水和茶之间的关系，就如同水和鱼之间的关系一样，所不同的只是"鱼得水活跃，茶得水有其香，有其色，有其味"。

水是茶的载体。无论是喝茶时产生的愉悦，还是无穷的回味，都要通过水来实现。水质的好坏直接影响着茶汤的质量。若是水质欠佳，茶叶中的营养成分会大量流失，我们就不能体味到茶的清香甘醇。因此，我们在泡茶之前一定要选择合适的水。

在日常生活中，煮沸的自来水是泡茶用水的主力，我们只需要注意通过加热去除其中的消毒气味和部分不溶解的杂质就可以了。此外，我们还可以选择纯净水和未被污染的江河湖水作为泡茶用水。

3. 选用合适的茶具

人们常说："良具益茶，恶器损味。"所以，好茶叶当然要选择好的茶具进行泡制。在选用茶具的时候，我们需要注意以下几个方面的问题：

一是要注意冲泡所用茶叶的品质和特点。比如要想泡一杯好的功夫茶就一定要选紫砂壶。紫砂壶保温性能好，用沸水冲泡时不易起沫，不会使茶香流失。

二是要考虑茶具的色彩和质地。人们常说一杯好茶就如谦谦君子，温润如玉。只有为茶叶选择适当的茶具来进行泡制，茶品才会显出自己本来的风采，才能达到完美的品茶境界。

三是要将茶具摆放整齐，不要失去秩序和层次感。

四是不能将壶嘴对着客人。

4. 选择品茶的环境

环境对于泡茶来说也同样重要。关于适于品茶的环境，历代茶人均有提及。明代冯可宾所著的《茶录》相当系统地提出了七种不宜饮茶的环境：

一是泡茶者没有掌握煮水或泡茶方法的环境；

二是没有正确选择茶具的环境；

三是主人和客人都缺少修养的环境；

四是将品茶视为一种与他人应酬的环境；

五是有鱼肉荤腥夹杂其中的环境；

六是忙于应酬无心品茶的环境；

七是房间布置凌乱令人心中生厌的环境。

目前，我们品茶的环境一般情况下可以分为两类：一类就是在自己或他人的家中，另一类就是在外边的茶室或会所当中。这时，我们需要注意的是：如果将品茶环境选在比较私密的家中，主人需要保持室内的干净整洁，最好能选靠近阳台的一面作为品茶的地点；若是将品茶环境选择在家之外的地方，邀请者就需要选择一处安静轻松的地点，自然风景优美最佳。

当完成以上四步之后，我们就做好了泡茶前的准备。下一步的工作就是努力泡一杯让主宾尽欢的好茶了。

泡茶的基本步骤

了解了泡茶的原理之后，我们就可以开始进入泡茶的步骤了。由于绿茶是我国目前饮用量最大的茶品，冲泡程序与其他茶类相比也更具有普遍性。所以，下面我们将以绿茶为例来感受一下如何才能泡出好茶来。

绿茶按照条索的舒展紧致程度大体上可以分为两种冲泡方式：

1. 外形紧结重实的茶

第一步，烫杯。这一过程也称为"洁具"。向备用的茶杯中注入约为容器1/3容量的沸水，然后令水在杯子中滚一圈后倒入茶海中。烫杯主要有两个目的：一是表示对客人的尊重，二是提升杯具的温度，以便使茶叶的色香味更好地发挥出来。

第二步，先倾入合适温度的水，再将茶投入杯中，不加盖。这样便于干茶吸收水分，展现出自己本来的风姿。

第三步，当茶汤凉到可口的程度时，开始品茶。一泡完成。

第四步，将一泡的茶汤喝至剩余1/3续水。二泡完成。

第五步，将二泡的茶汤喝至剩余1/3续水。三泡完成。一般情况下，饮至三泡，茶味就变淡了。

适用茶品：碧螺春、平水珠茶、涌溪火青、都匀毛尖、君山银针、庐山云雾等。

2. 条索舒展的茶

第一步，烫杯。与上同。

第二步，将适量的茶叶倾入杯中。

第三步，倒入适当温度的水至杯容量的1/3处，若不足1/3，至少要没过茶叶。

第四步，约两分钟之后，等干茶全部伸展开之后，再将水加满。

第五步，待茶汤到了不烫口的程度时，品茶开始，一泡也就完成了。

第六步，完成二泡。

第七步，完成三泡。

适用茶品：六安瓜片、黄山毛峰、太平猴魁、舒城兰花等。

有些条索不是特别紧结亦非特别松展的茶，两种方法均可。

以上便是泡茶的基本步骤。我们如果能对泡茶的原理和步骤做到了然于胸，就可以有条理地冲泡出一杯令自己舒心满意的好茶来。

居家中的泡茶

陆游是南宋时期著名的大诗人。他为后世留下了许多脍炙人口的诗篇。其临终前的一首《示儿》流传千古，令千百年来的仁人志士歔欷不已。其实，陆游不仅是忧心王朝前途的有识之士，还是一位与茶有着不解之缘的爱茶人士，就在他为后世留下的众多诗篇中也留下了很多茶的足迹。

若提到陆游笔下的茶，最有名的莫过于《临安春雨初霁》中的"晴窗细乳戏分茶"。只一句便使南宋都城临安盛行的"分茶"盛况跃然纸上。除去描绘外界的茶饮盛事，陆游还写过一些居家之时与家人共饮香茗的文字，其中最有代表性的就是下面这首《啜茶示儿辈》。

"围坐团栾且勿哗，饭余共举此瓯茶。粗知道义死无憾，已迫耋期生有涯。"

诗中描绘的是一家人在家中围坐喝茶的情形。他们在喝茶时表现得十分随意，没有使用专门的茶具，也无须遵循繁琐的礼仪，只是一家人围坐在一起，谈论时闻意趣。这就是我们平时所说的居家泡茶。在家中喝茶是最放松的，这时，我们并不需要很多的茶艺知识或是高超的冲茶技艺。居家泡茶最重要的就是实用、方便、卫生。

我们在居家泡茶时可以选用传统泡法。这种方法道具简单，泡法自由，非常适于大众饮用。使用传统泡法冲泡茶叶的工序共有九道。

第一步：烫洗茶壶。

清洗茶具是冲泡开始之前最重要的准备工作。茶具的清洁度直接影响着茶汤的成色和质量好坏。因此，在烫洗茶壶时一定要用沸水。同时，还要注意必须保证让沸水充满整个茶壶。这样做的目的主要有两个：一是保证将茶壶清洗彻底；二是使茶壶均匀受热，以便在冲泡过程中保住茶性不外泄。

第二步：倒出沸水。

将茶壶清洗干净之后，泡茶者需要将烫洗茶壶时所产生的废水倒进茶船中。

第三步：放置茶叶。

放置茶叶时需要注意两个方面的内容：一是要注意放置茶叶的容器，二是茶叶用量。因为居家泡茶时所用的泡茶容器通常情况下会有茶壶和茶杯两种，所以放置茶叶的方法也各有不同。

当容器是茶壶时，泡茶者需要先从茶叶罐中取出适量茶叶，然后用茶匙将茶叶拨入茶壶中。当容器是茶杯时，泡茶者需要按照一匙一茶杯的标准进行茶叶的放置。

第四步：注入沸水。

放置完茶叶之后，泡茶者需要向壶中倾入沸水，要等到泡沫从壶口处溢出时才能停下。

第五步：倒出茶汤。

向壶中注入沸水之后，泡茶者要先刮去茶汤表面的泡沫，然后再将壶中的茶倒进公道杯中，使茶汤均匀。在此过程中需要注意的是倒茶时不能一次就将杯子倒满。

第六步：分茶。

泡茶者需要将均匀后的茶汤倒入面前的几只茶杯中。不过，杯中的茶汤并不是越满越好，而是以七分满为最佳。

第七步：敬上香茶。

分茶过后，围坐的家人们可以自由地端起茶杯品茶，也可以由泡茶者手中接过茶杯逐一品尝。

第八步：清理茶渣。

敬茶完毕后，泡茶者需要将冲泡过程中产生的茶渣从茶壶中清理出去。清理茶渣的最佳工具是茶匙。

第九步：清理茶具。

品茶过后，泡茶者要将茶具清理完毕，以备下次使用。

经此九步之后，一杯居家时所饮的茶就泡好了。这时，我们就可以放下心中的忧烦，与家人尽情地享用难得的休闲时光，一起品味着"晴窗细乳戏分茶"的美好。

办公室里泡茶

随着社会发展节奏的加快，越来越多的职场人士加入了爱茶者的行列。在他们看来，若是少了茶的帮助，自己就会失去良好的工作状态。可是，办公室既没有那么多的泡茶工具，又没有家中舒适和随意，如何才能在办公室中泡出一杯好茶来呢？

其实，我们可以选择用泡茶包的方式来享受喝茶的乐趣。这样做的好处主要体现在两个方面：一是我们可以根据自己的爱好和口味选择茶包中的茶品；二是免去了除茶渣的麻烦。正是这两个方面的优势奠定了茶包泡茶法在办公室泡茶中的重要地位。同时，上班族平时工作比较辛苦，肠胃常会遇到一些小毛病，这时，喝上一杯补充营养、养颜暖胃、增强体质的奶茶，肠胃上的不适就会得到很大程度的缓解。而且，调饮奶茶也并不需要很复杂的程序，所以，下面就让我们以调饮奶茶为例来学习一下具体的茶包泡茶流程。

第一步：准备原料。

为了能在最短的时间内喝到养颜暖胃的奶茶，泡茶者需要在泡制奶茶之前做好充分的准备。在办公室冲泡奶茶的原料包括：咖啡杯、茶包、牛奶和砂糖。

其中咖啡杯既是泡茶的工具，又是饮茶的容器。由于大部分咖啡杯都是陶制或瓷制的，所以在泡茶的时候，它会利用自己良好的保温性能保证茶性不外泄。至于茶包，我们可以按照自己的口味选择。在六大茶类当中，红茶的茶性最为温和，有暖胃的功效。所以，很多上班族都会将红茶作为自己茶包的首选。而奶茶中所用的牛奶最好能选用新鲜的牛奶，如此，调制出来的奶茶才会滋味香醇，具有极佳的口感。

第二步：冲入沸水。

准备好原料之后，我们需要向咖啡杯中冲入沸水，并保持杯中的水大约有整个杯子容量的1/3就可以了。

第三步：放入茶包。

冲水过后，将茶包浸入杯中。大约一两分钟之后，我们需要提起捆绑茶杯的棉线上下搅动。在这个过程中，使茶包浸入沸水中停留一两分钟就相当于传统泡茶中的"闷香"，能够帮助茶性尽快散发出来；而上下提动棉线则相当于传统泡茶中的搅拌，这样有利于茶性的进一步扩散。

第四步：加入牛奶。

经过一两分钟的浸泡之后，茶性就已经得到了充分的散发。这时，正是我们加入牛奶的好时机。至于加入的数量，一般情况下，加入浓茶的不超过30毫升，加入中度茶的不超过20毫升，加入淡茶的不超过15毫升。

第五步：加入砂糖，成茶。

加入牛奶之后，再加入砂糖，轻轻搅拌之后，一杯新鲜可口的奶茶就泡好了。

当然，也有很多上班族喜欢饮用不加任何调料的"清茶"。这时，我们可以选择冲制过程更加简单的袋装茶。袋装茶的冲制只需要三步。第一步，准备好自己喜欢的茶品，选择并清洁泡茶（兼饮茶）的茶具。茶具最好选择保温性能较好、又不会破坏茶性的杯子。第二步，向杯中注入1/3的沸水。第三步，在杯中浸入茶包，并将杯中水加满。静止片刻之后即可饮用。

不过，还有一点需要我们注意：由于在加工过程中，袋装茶的叶细胞被破坏得比较彻底，茶中的营养物质在一泡的时候就会有80%~90%析出。因此，专家建议，袋装茶最好只冲泡一次，这样既不会耽误营养的吸收，也不会对茶汤本身的质量和口感造成严重的影响。由此，我们不难发现，尽管办公室的泡茶程序非常简单，但细节还是非常重要的。只有认真对待每一个细节才是对自己的健康负责的做法。

待客时的泡茶

大教育家孔子曾经讲过这样一句话:"有朋自远方来,不亦乐乎?"自古以来,每当有客人来访,热情的主人都会捧上一杯热气腾腾的香茶。饮上一口,客人会觉得一股热流迅速传遍全身;闻上一闻,茶香扑鼻;细细回味,主人的浓情厚谊就在不经意间涌上心头。

南宋诗人杜耒在《寒夜》一诗中就曾描绘了这样动人的场景:"寒夜客来茶当酒,竹炉汤沸火初红。寻常一样窗前月,才有梅花便不同。"围火拥炉,品茗谈心,这就是以茶待客的最高境界。

以茶待客的习俗发展到如今又可以细分为很多种类,比如家庭待客茶、办公室待客茶、礼仪待客茶等。但是,无论是哪一种待客茶,它们的宗旨都是相同的,那就是洁净、真诚、礼貌。只要不离宗旨,注意待客时的种种讲究,我们就能泡好待客茶。

1. 家庭待客茶

很多时候,与我们关系紧密的亲友们会选择来家中探访。这时,我们如果能及时奉上一杯好茶,就会令亲友心生温暖,使双方的感情变得更加融洽。如何才能又快又好地泡出一杯好茶呢?这其中包含着很大的学问。

首先,泡茶器具的选择很重要。

要想保质保量地泡出好茶,泡茶器具的选择是很重要的。如果来访的客人人数不多,停留时间不长,我们可以选择用茶杯,保证一人一杯就可以了。如果人数超过五人,泡茶器就是最佳的选择。

围火拥炉,品茗谈心,是以茶待客的最高境界

其次，茶叶用量的选择很重要。

如果客人较少可以选择用茶包。如果客人人数较多就必须要在茶壶或者泡茶器中放入容量相当的茶叶，并注意不要因为客人较多就盲目增加茶叶投入的数量。

最后，要注意泡茶器的正确使用。

泡茶器一般可以分为壶形和杯形两种。通常情况下，壶形泡茶器中都会有一层专门的滤网。我们可以将茶叶放在滤网之上进行冲泡。这样，茶叶和茶汤是分开的，第一次冲泡完成之后，还可以将滤网连同茶叶取出，以备进行第二次冲泡。

而杯形泡茶器的盖子比较灵活。只需轻轻一按，茶汤就会立刻流入下层，主人就可以将流入下层的茶汤倒进茶杯，敬献给客人。

2. 公共场合待客茶

在日常生活中，我们很多时候会遇到在公共场合需向客人敬茶的情况。这时的客人通常是我们所不熟悉的，该怎样做才符合待客之道呢？此刻，应对态度是最重要的。如果没有很好的应对态度，相信即使再美味的香茶也无法打动客人的心。

要想拥有比较灵活的应对态度，我们就需要注意以下几点。

第一，要面带微笑迎接客人。

一个人的面部表情是他内心情感的晴雨表。一张笑脸会让客人感到如沐春风，感到自己深受主人的尊重和肯定。

第二，要用托盘将茶端上来。

不用手直接去触碰茶具是传统泡茶中的礼仪，表达的是对客人的尊敬之意，另外也有表示隆重的意思。

第三，要将茶杯放于杯垫之上。

用杯垫主要有两个目的：一是尊重传统泡茶中的礼仪；二是保持桌面的洁净、庄严。

第四，将茶杯放好之后，要主动地对客人说一声"请用茶"。

温暖的话语表达的是主人对客人的尊重。

除去礼仪方面的要求外，我们还需要注意为客人准备的茶具及茶水的温度。敬茶要用温热的茶，而且要用陶制或瓷制的杯子来盛放茶汤，千万不可用玻璃杯。

以上便是两类常见的以茶待客的情况。掌握了其中蕴藏的学问之后,我们就可以自如地为客人奉上香茶,并使客人有宾至如归之感。

泡茶从有法到无法

在很长一段时间内,茶都是作为一种助消化的饮料出现的,人们只是在饭后泡上一杯粗茶,稍稍解一解油腻而已。随着社会经济的不断发展,茶叶开始进入大众的日常生活,并在很短的时间内形成了一种全民热爱饮茶的风尚。

就在这种风尚形成的同时,泡茶引起了爱茶人士一波又一波的注意。泡茶有法逐渐成为了全体爱茶人士的共识。泡茶有法,茶品才能将本身所特有的色、香、味等品质充分地发挥出来,才能向喝茶者传递舒适康泰、静心凝神之感。

可是,我们在日常生活中屡屡遭遇泡茶不得法的情形。不少人习惯一到办公室就用超大号的玻璃杯泡上大半杯茶叶,并且喝上一整天。如此手法泡出来的茶真的那样有味道吗?想必滋味是不敢恭维的。所以,这时泡茶有法就显得特别重要。

泡茶虽然简单,但是不得当的泡茶方法也会毁了一杯好茶。要想泡好茶,我们就需要做好泡茶前的准备。茶具、泡茶用水、茶叶用量、泡茶火候、泡茶时的心情等都需要注意。只有做好泡茶前的准备,掌握泡茶的原理与步骤,我们才能泡出一杯好茶来。

不过,泡出一杯好茶并不是我们的最终目的。因为怎样将茶泡得顺畅而优美是有方法和规律可循的。我们只要能够按照老师所教的经验和方法去做,经过一段时间之后,就可以泡出一杯香气宜人的好茶来。但是,这杯茶的香气却与我们无关。它并没有经过我们感情的浸润,只是一杯冷冰冰的按照配方泡出来的茶。

若想泡出一杯属于自己的香茶,我们就需要做到泡茶从"有法"到"无法"。不过,这里的"无法"并非没有方法的意思,而是将自己学到的与泡茶相关的知识和技能全部消化，形成自己独特的风格，不再让学到的东西成为制约自己的障碍。如何才能做到"泡茶无法"呢？这就需要我们从技艺和境界两方面提升自己。

第一，我们可以通过走访茶馆和练习为长辈泡茶等方式来不断提高自己泡茶方面的技艺。茶馆中的茶博士是学习"泡茶无法"最好的样板。他们虽然可能出自于同一所茶学院或是同一个茶学培训班，但是技艺上各有千秋。通过走访他们，我们将会有技艺和观念两方面的收获。另外，练习为长辈泡茶就是勤于实践的一种方式了。所谓熟能生巧就是这个道理。只有勤于实践，我们才能不断将学来的泡茶技艺同自己的相关领悟相结合，才能为自己独特风格的形成打下良好的基础。

第二，我们需要不断提升自己在泡茶时体味到的境界，用"茶人合一"的思想来影响自己。"茶人合一"是泡茶的最高境界。我们识茶、泡茶、品茶不仅是为与他人和谐相处，更重要的是与内在的自己和谐相处。所以，我们需要借助泡茶来不断梳理自己，使自己与茶这个大自然的代表不断融合。我们对于"茶人合一"的理解越深入，独特的泡茶风格就会离我们越近。

只有从技艺和境界两方面不断地进行提升，我们才能不再被泡茶的规矩束缚住自己的手脚，就能完成从"泡茶有法"到"泡茶无法"的提升。

第四章

茶艺与茶道

自古以来,喝茶就被视为一件赏心悦目的事情。喝茶者总是精心地准备着泡茶的一切事宜,唯恐有所缺憾。待茶泡好之后也并不急于牛饮一番,而是慢慢地静下来,品茶味,闻茶香,荡涤心中的尘垢。就在这样的氛围中,一种崭新的技艺形式——茶艺从传统的饮茶方式中分离出来。几乎就在同时,茶与传统精神的宁馨儿——茶道也诞生了。伴随着种茶和用茶技术的发展,两者都在不断发展和进步,它们的影响如今已经遍布世界上的每个角落。

何为茶艺

提到茶艺,我们脑海中就会浮现出这样一幅图景:一位年轻貌美的女子穿着旗袍,手捧瓷杯向大家展示泡茶的技艺。她举止得体,动作优雅,一出场就会引发人们的种种羡慕和赞叹。这幅图景带着一份震撼的美深深地留在我们的记忆中,使我们久久不能忘怀。于是,我们在心中暗暗认定这就是茶艺。那么它究竟是不是茶艺呢?我们不妨用茶艺的定义去验证一下。

所谓茶艺是一种在饮茶活动中形成的文化现象，是包括茶叶品评技法和艺术操作手段的鉴赏以及品茗美好环境的领略等整个品茶过程的美好意境。它拥有悠久的历史和深厚的文化底蕴，并同社会中的种种文化及宗教结缘。

茶艺有广义和狭义之分。其中狭义的茶艺是指掌握泡好一壶茶的技艺，并能感受到其中弥漫的艺术的魅力。实际上，它就是将人们日常饮茶的习惯进行艺术加工之后，展现给喝茶者及宾客。人们将从泡茶者或茶艺员展示的冲、泡、饮的技巧中提升自己的感悟，并赋予茶更强的灵性和美感。

而广义的茶艺是指通过钻研产茶、制茶、买卖茶、饮茶的方法和探究茶的原理和法则来满足人们的物质精神需要的一种学问。具体来说，就是要将茶艺从一种冲泡茶的技巧上升为一种人生艺术和文化——人生如茶。人们可以在繁忙工作的间隙为自己泡上一壶好茶，并在细细品味这壶茶的过程中感悟充满酸甜苦辣的人生，净化自己的心灵。

不过，无论是广义的茶艺，还是狭义的茶艺，作为它们载体的形式都是相同的。从形式上来讲，茶艺包括了选茗、择水、烹茶技术、茶具艺术、环境的选择创造等一系列内容，而这些内容的要求都十分严格和

茶艺是在饮茶活动中形成的一种文化现象

讲究。

我们以品茶的环境为例。品茶的环境包括很多方面，通常情况下是由园林、建筑物、摆设等几方面组成的。若是要举行比较高级的聚会茶宴，我们就需要找到室内摆设讲究、富有建筑特色的地点作为品茶环境。若是在家中请要好的朋友喝下午茶，我们就需要尽量将自己室内环境布置得安静、舒适、清新、干净。若是按照比较传统的方式饮茶，我们就需要找一些自然风景比较优美的场所。

总之，茶艺是形式和精神的完美结合。在茶艺优美的技巧展现当中，我们将从中读出传统的美学观点，体悟和谐的审美情趣，获得重要的精神寄托。我国传统的茶艺综合了人自身的经验和辩证统一的自然观，能够帮助人们在灵与肉交融的过程中对于自己需要面对的问题做出明确的判断。现代的茶艺内容十分丰富，形式也多种多样。但是，它的功用依然没有改变。现代的茶艺将在带给人们更多新鲜的视觉感受的同时，带给人们更多的审美情趣和精神寄托。

茶艺的不同分类

随着种茶和制茶技术的不断发展，人们精神文化需求的日益提高，茶艺也进入了迅猛发展的阶段，新的形式和内容层出不穷。这些新加盟的形式和内容使茶艺充满了时代特色和青春活力，不过也为茶艺的分类带来了一个难题。

目前，茶文化界对于茶艺的分类并没有形成统一的意见。有人主张以茶类为标准，有人赞成以喝茶人群作为评判标准，还有人建议用地区来划分，种种标准不一而足。下面我们就从中挑选几种比较常见的分类方法进行简要的介绍。

1. 按照冲泡方式分类

这种分类方法是目前最为流行的。从古至今，我国的饮茶方式也发生了很大的变化。从开始的煎茶法，发展到点茶法，最后演变为全叶冲泡法。因此，若以冲泡方式作为标准，那么中华茶艺就可以分为煎茶茶艺、点茶茶艺、泡茶茶艺三大类。

其中煎茶茶艺始于茶圣陆羽的煎茶法。其主要程序分为九个步骤。

第一步：备茶。备茶主要分为两个步骤，一是烤茶，二是碾茶。凡是饮用的饼茶在碾碎成为泡茶的原料之前都要先在没有异味的文火上进行烤炙。在烤茶的过程中要注意把握火候，使饼茶受热均匀。当烤过的茶冷却之后，就可以进行碾茶的工作了。碾茶时要注意剔除没有被碾碎的粗梗和碎片。

第二步：备水。煎茶用水以山泉水为上品。煎茶者需要将取来的水进行过滤之后放在水方之中，并把瓢、构放在上面。

第三步：生火煮水。此时需要注意的是煮水的用具——适于煎茶的木炭和注水的大口锅。

第四步：调盐。当锅中的水初沸之时，煎茶者需要将少许食盐投入沸水中进行调味（初沸的标志是微微有声）。

第五步：投茶。当水二沸之时（二沸的标志是涌泉连珠），舀出一瓢，作为三沸时救沸之用。舀水之后，要用竹夹围绕沸水的中心进行搅动，并将与水量比例相当的末茶投入到沸水之中。

第六步：育华。在水三沸之时，要随时准备将二沸时舀出的水点入茶汤中，以保持水面上的茶的精华不被溅出。但需要注意的是要将浮在水面上的黑色泡沫除去。

第七步：分茶。茶汤中最具精华的是锅中煮出的前三碗茶，最多分五碗。

第八步：饮茶。饮茶一定要趁热，唯有如此，才能体会到茶鲜醇浓烈的芳香。

第九步：洁器。将使用完毕的茶器及时清洁之后收入特制的篮中备用。

点茶茶艺源于宋代的点茶法。点茶法是宋代斗茶所用的方法。茶人自己饮茶也用此法。此时，人们不再将茶直接放到釜中熟煮，而是先将碾碎的饼茶放到茶碗中备用。在点茶的过程中，点茶者需要先用少量的水将茶碗中的茶叶调成糊状，再将沸水注入或者直接向茶碗中倾入沸水，并用特制的茶筅搅动，使得茶末漂浮到茶汤的上层，形成粥面。

泡茶茶艺源于明代的全叶冲泡法，并一直沿用至今。根据泡茶工具的不同，泡茶茶艺可以分为壶泡法和杯泡法两种。壶泡法就是以茶壶作为泡茶工具，并将泡好的茶汤斟到杯中饮用。杯泡法就是直接在茶杯中泡茶并饮用。

2. 按照人群进行分类

中华茶艺按照人群来分可以分为宫廷茶艺、文士茶艺、宗教茶艺和民俗茶艺等四类。

其中宫廷茶艺始于唐代，并在宋代成为一种流行时尚。特别是宋徽宗赵佶不仅对茶艺大为提倡，还亲自著《大观茶论》一书对点茶进行重点介绍。

文人茶艺同样始于唐朝，并从一开始就具有相当强的人文精神色彩。历代的提倡者均为文坛宿将，代表人物有唐朝的陆羽、元稹、白居易，宋代的苏轼、杨万里、陆游等。

宗教茶艺出现于茶与宗教结缘之后。著名诗僧皎然就是宗教茶艺的积极提倡者。他主张饮茶即是修道，开启了佛茶之风。

民俗茶艺是由于地理环境、历史文化和生活习俗的不同而出现的。其代表有四川的盖碗茶、江浙的熏豆茶、江西修水的菊花茶、云南白族的三道茶等。

3. 以茶为标准进行分类

中华茶艺按照茶为标准可以分为乌龙茶艺、绿茶茶艺、红茶茶艺、花茶茶艺等。

福建安溪是乌龙茶的故乡，产茶和饮茶都已有数千年的历史。福建乌龙茶艺是乌龙茶艺中的精品，共分展示茶具、烹煮泉水、沐霖瓯杯、观音入宫、悬壶高冲、春风拂面、瓯里酝香、三龙护鼎、行云流水、观音出海、点水流香、敬奉香茗、鉴赏汤色、细闻幽香、品啜甘霖等15道工序。

绿茶是我国最常见的饮用茶品。绿茶茶艺共分点香、洗杯、凉汤、投茶、润茶、冲水、泡茶、奉茶、赏茶、闻茶、品茶、谢茶等12道工序。

红茶是世界上饮用量最大的茶品。红茶茶艺共分焚香净室、超尘脱俗、摆盏净杯、明珠入宫、玉泉催花、云腴献主、评点江山等7道工序。

花茶属于再加工茶类。花茶茶艺主要包括烫杯、赏茶、投茶、冲水、闷茶、敬茶、闻香、品茶、回味、谢茶等。

除此之外，还有按照地区、使用泡制工具的情况等进行划分的。当对于茶艺的分类有所了解之后，我们就可以为自己选择的茶品选择正确的冲泡方式，就可以在宁静祥和之中享受一杯好茶带来的温馨与快乐。

多种多样的茶艺道具

我国的茶艺种类繁多，所用的茶艺道具也是多种多样。出色的道具不仅可以泡出一杯令人回味无穷的香茶，更能方便泡茶过程的操作，增强其中的美感。下面我们就将对各种各样的茶艺道具进行简单的了解。

1. 茶盘

茶盘是用来摆放茶具、辅助泡茶工作的盘子。它的材质一般以竹制、木制、金属制、陶瓷制和石制居多，形状通常以规则形、自然形、排水形为主。

2. 奉茶盘

用来盛放茶杯、茶碗、茶具、茶食的用具。用奉茶盘将以上东西端送给品茶者，显得洁净高雅。

3. 茶巾

茶巾是用来擦洗茶具的棉织物。它的主要作用是托垫杯底，吸干壶底与杯底的残水，或者将泡茶、分茶时溅出的水滴擦干。

4. 茶巾盘

用来放茶巾的器具，一般用竹、木、金属、搪瓷等材料均可制作。

5. 桌布

桌布的主要材质是各种纤维织物。它是一种铺在桌面上并向四周下垂的饰物。

6. 泡茶巾

泡茶巾通常用棉或丝织物制成，一般用作个人泡茶席或是茶具上的覆盖物。

7. 茶箸

形状像筷子，主要用途有三：一是刮去一泡时壶口的泡沫，二是夹出茶渣，三是用来搅拌茶汤。

8. 茶荷

古代称之为茶则，主要材质是竹、木、陶、瓷、锡。茶荷的主要功用是控制置茶量，同时还可用作观看干茶样品和置茶分样的器具。

9. 茶匙

常同茶荷配合使用，主要用途有二：一是从贮茶器中提取干茶，二是在添加茶叶时用于搅拌。

10. 茶针

多用竹木制成，是防止茶叶阻塞使出水畅通的工具。

11. 渣匙

多用竹木制成，常与茶针相连，是从泡茶器具中取出茶渣的用具。

12. 茶食盘

多用金属、竹、瓷制成，是用来放置茶食的用具。

13. 箸匙筒

用来插放箸、匙、茶针等用具的有底的筒状物。

14. 茶叉

多用金属、竹、木制成，是用来取茶食的用具。

15. 茶拂

用来刷净茶荷上所沾茶末的用具。

16. 餐巾纸

用来擦拭杯沿、垫取茶具、擦手。

17. 计时器

用来计算泡茶时间的工具，以能计秒的工具为佳。定时钟和电子秒表都可以用作计时器。

18. 消毒柜

主要用途有二：一是烘干茶具；二是消毒灭菌。

19. 滤网组

主要用途是过滤茶渣，由一个滤网和一个滤物架组成。

20. 茶道组

包括茶匙、茶针、茶漏、茶则和杯夹。

21. 茶船

泡茶之时使用的主茶台，主要用来摆放茶具和承接使用过的水。

22. 紫砂壶

紫砂壶是用来冲泡普洱茶、乌龙茶等需要较高水温茶类的重要泡茶工具。透气性好、能够调节茶味是它最大的特点。

23. 盖碗

盖碗又被称为三才碗，可以用来冲泡各种茶品。它的盖托杯分别预示着天地人三才。

24. 品茗杯

用来喝茶的小杯子，评茶时经常用到。

25. 杯托

用来放置品茗杯的器具。

26. 公道杯

公道杯又被称之为茶海，是用来盛放茶汤的器具。它适于在评茶时用来观赏茶汤的色泽和浓度。

27. 闻香杯

冲泡乌龙茶特有的茶具。多为瓷质制品。传统茶道讲究一嗅、二闻、三品味，其中最重要的道具就是闻香杯。闻香杯的好处主要集中在两个方面，一是保温效果好，二是茶香味散发较慢，可以令喝茶者尽情地去玩赏品味。

多种多样的茶艺道具是茶艺的重要组成部分。合适道具的参与将使茶艺发挥得更加淋漓尽致，为饮茶者带来视觉和精神上的双重享受。所以，根据茶品和品茶者的饮茶习惯选择茶艺道具就成了茶艺表演开始前的头等大事。

茶中的礼仪

在茶艺表演中，我们的目光总会追寻一个人的身影，这个人就是茶艺员。随着她（或他）举手投足间的动作神情的变化，我们就会感到一种凝结着古香古韵的美妙之感时时萦绕在自己心怀。这种美好的感觉令我们如痴如醉，久久不能忘怀。其实，造就这种美妙感觉的就是茶艺中的各种礼仪。

我国自古以来就被称为礼仪之邦，向来有客来敬茶的习俗。茶是礼仪的使者，可以融洽人际关系。所以，各种各样的茶艺表演均有礼仪上的规范。随着茶艺的不断发展，礼仪已经逐渐成为茶艺表演中的重头戏。

在当代茶艺表演中，礼仪主要分为三种：一是泡茶前的礼仪，二是泡茶中的礼仪，三是品茶中的礼仪。

1. 泡茶前的礼仪

在茶艺表演中，茶艺员的双手就是舞台上的主角。因此，在泡茶开始之前，茶艺员一定要做好双手的清洁，不能让双手沾染异味，也不可使指甲过长或是在指甲上涂上指甲油。

除去双手之外，茶艺员还需要注意自己的妆容、服饰和头发。简约和谐是整个茶艺表演的主旋律。因此，茶艺员在泡茶之前不要穿着过于鲜艳的服装或是使用气味过重的化妆品。另外，头发也要梳紧，避免其散落到胸前破坏整个泡茶流程的完整性。

以上皆是对茶艺员外在的要求。实际上，心性的培养也在泡茶前的礼仪中占据着相当重要的地位。茶宴讲究清新雅致、祥和温馨的气氛，因此，茶艺员只有做到神情、心性与技艺上的统一，才会将舒适温馨的美感带给饮茶者。

2. 泡茶中的礼仪

泡茶中的礼仪分为肢体语言和动作规范两部分。

肢体语言主要包括行走、站立、坐姿、跪姿、行礼等诸多方面。

行走在茶艺中代表一种动态的美。茶艺员在行走过程中要注意双肩放松，两眼平视，下颌微收，不要随意扭动上身。这样才能走出茶艺员的风情与雅致。

站立是茶艺表演中仪表美的起点和基础。挺拔的站姿会将一种优美高雅、庄重大方、积极向上的美好印象传达给大家。

坐姿在茶艺表演中代表一种静态之美。它是指屈腿端坐的姿态。

跪姿主要出现在日韩等国的茶艺表演中。另外，举行无我茶会时也会采用此种姿势。（无我茶会是一种茶会形式，它最大的特点就是参与茶会的人都要自带茶叶、茶具，每个人都要泡茶、敬茶、品茶，讲究一味同心。）跪姿就是指双膝着地，臀部坐于自己小腿的姿态。

鞠躬是行礼中最常见的表现。在一般情况下，行礼还预示着茶艺表演的开始。

泡茶中的动作规范主要可以归结为五条：

一是茶艺员或泡茶者一定要保持美丽优雅的姿势，不能随意乱晃。

二是在泡茶过程中茶叶和壶嘴等东西不可直接用手触碰。

三是要注意礼貌，不能将壶嘴朝向客人。

四是茶艺员或泡茶者在整个泡茶过程中尽量不要说话，以免对茶性的发挥造成影响。

五是倒茶姿势不能过大，以免对优雅的姿势造成影响。

3. 品茶中的礼仪

常见的品茶礼仪有伸掌礼、寓意礼、鞠躬礼、叩手礼等四种。

伸掌礼是品茗过程中使用频率最高的礼节。它所表达的意思是请和谢谢。所以，这是宾主双方都可以使用的一种礼仪。在行伸掌礼的时候，行礼人需要四指并拢，虎口分开，手掌略向内凹，并同时欠身微笑。

寓意礼就是有着美好祝福暗示的礼仪动作，最常见的是"凤凰三点头"。所谓"凤凰三点头"就是指用手提着水壶高冲低斟反复三次，它的寓意是向客人三鞠躬来表示对客人到来的欢迎。

鞠躬礼是我国的传统礼节。它主要出现在茶艺表演开始前的迎宾及开始和结束之时。值得注意的是主客双方都需要行鞠躬礼。鞠躬礼的主要形式有站式、坐式、跪式三种。

叩手礼是用手指轻轻叩击桌面来行礼。手指叩击桌面的次数与参加品茶者的情况直接相关。

茶中自有真性情，而茶艺表演中的礼仪正是以一种规范的模式将茶的这种真性情带到了我们身边。熟知茶艺表演中的礼仪将使我们有机会实现与茶的亲密接触，感受着从古老历史中走来的文化馨香。

茗品茶艺

茶在我国已经有了几千年的发展历史。随着茶叶事业的不断发展，茶品的品种越来越多，与它们相关的茶艺也是多种多样，不能一一尽数。而十大名茶作为其中富有特色的代表在广大爱茶人士当中有着广泛的影响。所以，我们下面将挑选其中的四种作为范例对茶艺进行简单的介绍。

1. 西湖龙井茶艺

西湖龙井简称龙井，是中国第一名茶。杭州西湖龙井村周围的山区是龙井的故乡。龙井历史悠久，早在唐代就已经称为进贡朝廷的贡茶。主要有狮、云、龙、虎四个品种，其中以狮峰龙井的品质最佳。

如今的龙井茶艺可以分为17道工序。

第一道：对客人行礼，请客人入座。

第二道：播放优雅的乐曲，愉悦宾主的身心。

第三道：赏水。虎跑水是冲泡龙井茶的最佳用水。

第四道：煎水。煎煮泡茶用水应该用活火。

第五道：鉴茶。在开始冲泡之前，我们需要对茶叶的色泽、香气等进行鉴别。

第六道：初沸。龙井茶的冲泡讲究"好水泡好茶"。待泉水初沸之后，略等片刻，要用最佳温度的沸水来冲泡龙井茶（最佳温度的沸水是指85~90℃）。

第七道：采用回旋斟水法烫洗茶杯，以确保茶香能够最大限度地发

西湖龙井茶艺

挥出来。

第八道：将茶倾入茶杯中。

第九道：浸润茶香。将水旋转着倒入杯中，轻轻摇晃。摇晃之后，龙井特有的茶香隐隐飘出。

第十道：用"凤凰三点头"的方法向杯中冲水。

第十一道：向客人敬上香茶。

第十二道：一品。品茶前要先闻茶香。品茶时要细细品啜，慢慢回味。

第十三道：二泡。当杯中的茶汤喝到还剩三分之一的时候，再将沸水注满茶杯。这就是二泡。

第十四道：敬献茶点。

第十五道：二品。同第一泡茶汤相比，第二泡茶汤更加浓郁醇美，更能令人感受到龙井茶的美妙之处。

第十六道：颂茶。颂茶的目的是为了在品茶过程中使品茶者在思想上得以提升。

第十七道：谢茶，话别。

龙井茶的品饮一般会在第三、四泡时结束。此时，客人应向主人致谢。客人离开时，主客双方应该互致离别之词。待客人离去后，主人需要将茶具清理干净。

2. 安溪铁观音茶艺

福建安溪是我国著名的茶乡，盛产乌龙茶。铁观音是乌龙茶中的极品，外形卷曲肥壮，色泽砂绿。冲泡好的茶汤金黄浓艳，有天然馥郁的兰花香，滋味醇厚，回甘悠久，有"观音韵"的美誉。

铁观音是泡制功夫茶的主要原料之一，因此，铁观音的茶艺特别讲究冲泡、品饮的方式。观音茶的冲泡方式共分为14道工序。

第一道：展示"茶房四宝"（炉、壶、瓯杯以及托盘）等茶具。

第二道：将冲泡所用的泉水烹煮至100℃。只有达到100℃的沸水才能将铁观音独特的香韵发挥出来。

第三道：按先后顺序清洗瓯杯。这一步骤的用途有二：一是保温；二是消毒。

第四道：将茶叶倾入杯中。

第五道：采用高冲水的方式将沸水倾入壶中。

第六道：刮去茶面上的泡沫。

第七道：闷香。当将茶叶投入茶杯中，倾入沸水之后，需要等上一两分钟，这样茶性才能完全发散出来。

第八道：斟茶。在斟茶之时，用右手的拇指和中指夹住瓯杯的边沿，食指按在瓯盖的顶端，提起盖瓯，将茶水倒出。

第九道：提起杯盖，刮掉杯底的水。

第十道：按巡回法将茶水依次均匀地斟入每个人的茶杯中。

第十一道：将茶汤中最浓的部分均匀地滴到每个人的茶杯中。

第十二道：向在座的各位嘉宾朋友敬献香茶。

第十三道：赏色闻香。品饮铁观音，观茶色是首先要做的。优质的铁观音有着清澈明亮的汤色及令人闻之心旷神怡的兰花香、桂花香。

第十四道：品茶。赏色闻香之后，品饮才真正开始。啜上一小口，你就会觉得唇齿留香，回味无穷。

3. 普洱茶冲泡

普洱茶是历史最为悠久的中国名茶。早在几千年前的武王伐纣时期，云南的茶人前辈们就已经将自己所种的茶叶敬献给周武王。到了明代，普洱茶以"普茶"这个名称第一次出现在中国的典籍中。我们如今饮用的普洱茶主要可以分为晒青茶和紧压茶两类。像平时常见的普洱方茶、团茶、竹筒茶等都属于紧压茶。

普洱茶又被称为"九道茶"。我国西南地区是普洱茶的主要饮用区。普洱茶的冲泡工序主要有以下11道。

第一道：用普洱刀撬散属于紧压茶类的普洱茶。

第二道：欣赏普洱茶的色香味形。

第三道：清洁冲泡茶具。

第四道：在壶中放入普洱茶，茶水比例为1：50。

第五道：一泡。普洱茶的一泡一般都不喝，而是用来洗茶。

第六道：二泡。在壶中倾入相当于该壶容量三分之一的沸水。

第七道：盖上壶盖闷香。

第八道：再次倾入沸水，调节茶汤的浓度。

第九道：按照从左至右的顺序将壶中茶汤斟入客人杯中。

第十道：向客人敬茶。

第十一道：闻茶香品茶味。

4. 白毫银针茶艺

白毫银针是白茶类中的极品。深受大家喜爱的工艺茶就是以白毫银针作为原料，再加上干花精制而成。白毫银针的成品茶长3厘米左右，就像一位身穿银装的少女，令人赏心悦目。冲泡好的茶汤更是滋味纯正，香气宜人，令人难忘。

目前，白毫银针的冲泡程序共有以下8道。

第一道：点燃高香，对历代茶人前辈表达崇敬和怀念之情。

第二道：向客人展示白毫银针。

第三道：用沸水烫洗茶具。

第四道：细心地将茶放到杯中。

第五道：将适量沸水倾入杯中，温润茶芽。

第六道：利用高冲水的方式将沸水倾入杯中，使茶水交融。

第七道：向客人敬奉香茶。

第八道：小口啜饮，品味茶香。

以上便是中国十大名茶中的佼佼者充满艺术品位的冲泡方式。循着一道道工序，我们将在整齐严整的氛围中收获一种赏心悦目之感，将在宁心静气之间提升自我的境界。

中国地方特色茶艺

我国的茶叶种植遍布全国18个省区。随着茶叶事业的不断发展，饮茶方式的不断变革，一些特色茶艺在这些产茶区逐渐形成，并成为当地人民和外来游客喜闻乐见的文化形式。潮州功夫茶艺、祁门红茶茶艺、福建乌龙茶艺都是其中的佼佼者。下面就让我们来认识这些充满地方特色的茶艺。

1. 祁门红茶茶艺

红茶是世界上饮用量最大的茶类。每年世界各国人民饮用的红茶数量要占到饮茶总量的1/3以上。祁门红茶是我国红茶中的精品。它主要产于安徽省祁门县，并与斯里兰卡乌伐的季节茶及印度大吉岭茶并称世界三大高香茶。

祁门红茶的冲泡最为讲究冲泡时所用的茶具。这些茶具主要包括：热水壶及风炉（电炉或酒精炉皆可）、瓷质茶壶、茶杯，茶巾、茶匙、奉茶盘、赏茶盘或茶荷。当这些用具准备好之后，我们就可以开始祁门红茶的茶艺表演了。

目前，祁门红茶的冲泡程序共分11道。

第一道：请在座的客人欣赏祁门红茶的外形和色泽。

第二道：烹煮冲泡时所用的清泉水。

第三道：用沸水冲洗茶具。

第四道：在壶中放入茶叶。

第五道：用高冲法将沸水倾入壶中。要用水温达到100℃的沸水来冲泡祁门红茶，这样有助于它的色香味的充分挥发。

第六道：用循环斟茶法为客人分茶。

第七道：闻香观色。在真正开始品饮之前，我们需要先闻一闻茶香，观一观汤色。纯正的祁门红茶汤色红艳，并有一股馥郁清香的兰花香。

第八道：品鲜。祁门红茶以滋味醇厚、回味绵长著称。啜上一口，鲜爽满口。

第九道：二泡。

第十道：三泡。祁门红茶通常情况下可以冲泡三次，每一次都有不同的口感，细细品味才能得到其中真意。

第十一道：收拾茶具，向来宾致谢。

2. 福建茶艺

福建地区盛产乌龙茶。乌龙茶在冲泡之时非常讲究，工序繁复，对于茶品、茶具、水质的选择和泡饮技法的要求均十分严格。目前，要冲泡好一杯充满地域特色的乌龙茶要经过23道工序。

第一道：将茶艺表演中所用的各种器具准备就绪。

第二道：恭请前来的客人就座。

第三道：点燃檀香，凝神静气。

第四道：烹煮冲泡时所用的泉水。

第五道：介绍冲泡茶品时所用的茶具，请客人欣赏茶叶。

第六道：用沸水烫洗冲泡时所用茶具。

第七道：在紫砂壶中放入茶叶。

第八道：用高冲法在壶中冲入沸水。

第九道：刮去壶口泡沫，将一泡茶汤倒入公道杯中。

第十道：将公道杯中的茶汤均匀地分到闻香杯中。

第十一道：凤凰三点头。采用三起三落的手法在紫砂壶中注满沸水。

第十二道：用沸水及闻香杯中的茶汤清洗紫砂壶的表面。

第十三道：在公道杯中倒上泡好的茶。

第十四道：将公道杯中的茶汤倒入闻香杯中。

第十五道：把品茗杯中的水倒净，将其倒扣在闻香杯上。

第十六道：将品茗杯和闻香杯倒置，使茶汤流到品茗杯中。

第十七道：向客人敬奉泡好的茶。

第十八道：闻茶香，观茶色，品茶味。

第十九道：二泡，细品茶汤滋味。

第二十道：三泡。

第二十一道：领略乌龙茶的真韵。

第二十二道：根据客人的需要奉上茶点。

第二十三道：宾主一起将杯中的茶喝干，相互祝福道别。

3. 潮州功夫茶艺

自古以来，茶就有"待君子，清心身"的意境。功夫茶更是将对于这种意境的追求发挥到极致。功夫茶对与冲泡相关的各个步骤都异常讲究。而潮汕功夫茶更是功夫茶的精品。

潮汕功夫茶是潮汕地区独特的饮茶习惯。在潮汕本地，功夫茶具在每家每户都可以见到。当地的人们不仅自己对功夫茶有着异乎寻常的热爱，每天都要喝上几轮，还将功夫茶作为招待贵客的佳品。

正因为人们的由衷热爱及对意境的追求，潮汕功夫茶的冲泡方法形成了一套非常繁琐的工序。这套繁琐的工序共分8道。

第一道：治器。治器是泡功夫茶的预备阶段，主要包括起火、掏火、扇炉、洁器、候汤、淋杯六个动作。

第二道：纳茶。纳茶是冲泡功夫茶首先要做的工作。要完成这一步骤，我们需要先将茶叶分出粗细，再按照最粗、细末、粗叶的顺序将茶叶放入壶中。这时，需要注意的一点是每一泡茶所需的茶叶用量要以茶壶为准，大约有七成茶叶就足够了。

第三道：候汤。候汤就是等待水开。通常情况下，水一沸之时还没有达到一定的功力，三沸之时火候太过，只有二沸是最佳用水。

第四道：冲茶。冲茶所用的水就是二沸时的水，冲茶时要采用高冲低斟法，切忌直冲壶心。

第五道：刮沫。冲水时要将整个茶壶冲满，并用壶盖将泛起的泡沫刮去。

第六道：淋罐。刮去泡沫之后，将茶壶盖盖好，再用开水浇淋壶的表面。这一步骤的用途有三：一是帮助茶香挥发，二是判断茶熟的时机，三是去除壶外的泡沫。

第七道：烫杯。烫杯是冲泡功夫茶时最关键的一步。在进行这一动作时，我们需要注意要用沸水直冲杯心。烫杯完毕之后，要向砂铫中添加冷水。

第八道：洒茶。低、快、匀、尽概括了洒茶时要注意的四个方面。一是洒茶时不宜位置过高，位置过高容易使香味散失，泡沫涌起；二是注意洒茶时动作一定要迅速；三是在洒茶过程中一定要注意保证各个杯中的茶色均匀；四是注意不要将水留在壶中。

祁门红茶茶艺、福建茶艺和潮州功夫茶茶艺是我国地方特色茶艺的代表。除去前面三者之外，还有台式乌龙茶艺等。它们不仅使古老的茶叶焕发了青春，还将充满地域色彩的文化传播到爱茶人士中间。这些充满地域色彩的文化将随着茶艺的流行而逐渐融入每个爱茶人士的心中，源远流长。

什么是茶道

茶道是当代茶文化中最闪亮的一朵奇葩。它是一种以茶为媒介的生活礼仪，同时也是一种修身养性的方式。它是通过沏茶、赏茶、品茶活动来表现一定的礼节、美学观点和精神思想的一种饮茶艺术。

徜徉在茶道的世界里，你会感到以往那些困扰自己的私心杂念正在隐去，一种清静恬淡的感觉正在从心中慢慢升起。正因为如此，茶道成为茶文化的灵魂，它的爱好者也遍及世界各地。

我国是茶道的故乡。茶道在我国已经有了将近两千年的发展历史。早在饮茶习俗刚刚确立的唐朝，茶道就在我国的茶叶发展史上出现了。在它出现的过程中，诗僧皎然做出了不可磨灭的贡献。

诗僧皎然第一次以诗歌的形式提出了茶道的概念，解释了什么是茶道。在皎然看来，"三饮便得道"。所谓"三饮便得道"就是指"饮茶之道，饮茶修道，饮茶得道"。皎然将佛家的禅定般若的顿悟、道家的羽化修炼、儒家的礼法、淡泊等有机结合融入了"茶道"，开启了中华茶道的先河。

茶道在宋明两代达到鼎盛

除了皎然之外,唐朝诗人卢仝也为中华茶道的兴起做出了杰出的贡献。他的《七碗茶歌》将皎然开创的茶道进一步发扬光大,并成为日本茶道的开山典籍。

茶道在宋明两代达到了鼎盛时期。宋代是一个全民热爱饮茶的时代,上至皇帝贵族,下至黎民百姓,均将饮茶作为一件日常生活的大事。斗茶之风在民间盛极一时。无论是处于庙堂之高的皇帝贵族,拥有巨额财富的富贵人士,还是身处寺庙道观的佛道人士,才华横溢的文人墨客都是各种茶宴、茶会的举办者和参加者。另外,在宋代,茶道还形成了三点、三不点的品茶法则。所谓三点就是指新茶、甘泉、洁器为一,天气好为一,风流儒雅、气味相投的佳客为一;反之,是为"三不点"。

到了明代之后,随着散茶的兴起,茶道迎来了另一个辉煌的发展时期。出身皇族的朱权是明代初期茶道的代表。他主张顺其自然,回归本性。到了明朝后期,尤其是崇祯年间,茶道变成了文人标榜自身高洁、躲避时政的道具。

清代之后,茶道进入了全面衰落的时期。当代以来,茶道出现了全面复兴的态势。如今的茶道主要包括两个方面的内容,一是备茶品饮之道,二是思想内涵。当品茶至一定境界,从生理感受上升到心理感受,再上升到精神感受之后，我们便可以进入茶道修行的境界。

丰富多彩的茶文化

随着茶艺和茶道的不断发展演进，我国逐渐形成了丰富多彩的茶文化。时至今日，历史悠久、种类繁多的茶文化已经成为我们与世界其他各国人民交往联系的重要纽带。不少外国朋友慕名而来，只为一睹最原汁原味的茶文化的风采。为什么茶文化会有这么大的魅力呢？茶文化的真正内涵又是什么呢？你若是想早点解除心中的疑惑，那就请随着我们一起踏上茶文化的国度吧。

说到茶文化，茶自然是其中的第一主角。我国是茶叶产销大国，光是有名有姓的茶品就有数千种之多。它们不仅有着美味可口的滋味，背后更有着美丽动人的传说。相传位于十大名茶之首的西湖龙井就是因为治好了太后的病才成为御茶的。而且除去美丽的传说之外，茶还与文人墨客有着不解之缘。我国历史上许多著名的诗人、学者、文学家都是茶中好手。南宋著名诗人杨万里就是其中之一。杨万里一生嗜茶，为茶写下了很多诗文。他曾在《武陵源》的词中写道："旧赐龙团新作祟，频啜得中寒。瘦骨如柴痛又酸，儿信问平安。"茶性天性至寒，杨万里所处的年代还没有出现经过茶性改良的茶。可是，由于他对茶过分热爱，竟然到了不顾自己身体的程度。

更为难能可贵的是杨万里还从澄澈碧绿的茶水中悟出了为人处世之道。他在广东任职之时，曾用自己的薪俸帮助贫苦民众缴纳税赋。同时，杨万里还结交人性如茶的朋友，并用茶的清明来赞赏朋友的风骨。

杨万里嗜茶如命，以茶之道为人处世只是茶与文人墨客缘分的一角。二者之间的缘分还表现在其他几个方面：第一，历代茶学专家写下了无数茶学专著，为茶道的发展打下了坚实的基础。唐代陆羽所作的《茶经》、宋代蔡襄所作的《茶录》及宋徽宗赵佶所作的《大观茶论》皆是其中的杰作。第二，历代爱茶的文人墨客还留下了无数茶诗、茶画等艺术作品。

欧阳修的《武夷茶歌》、苏轼的《种茶》、元稹《一字至七字诗·茶》、阎立本的《萧翼赚兰亭图》、赵孟頫的《斗茶图》及唐寅的《事茗图》皆堪称其中精品。

美丽的传说与文人墨客的推崇将茶文化引领到了一个新的高度。同时，各种充满民间风情的茶俗、茶馆等也为茶文化的发展增添了几抹亮色。具体说来，我国的茶俗主要有维吾尔族的香茶、藏族的酥油茶、布依族的"姑娘茶"、白族的三道茶等。而遍布我国上海、北京、广州、杭州、苏州、香港等各地的茶馆、茶室、茶楼等也在扮演着传承古今茶文化的角色。如在上海的茶馆中，人们可以一边喝茶，一边欣赏自己与朋友带来的精品名画；在天津的茶园中，人们可以一边喝茶，一边欣赏曲艺节目；在广州的茶楼，人们可以一边喝茶，一边交换商业信息。

形式多样的茶文化使茶成为一种极具象征意义的文化符号。每当我们与茶文化相遇时，一股清新宁静之气就会从心中升起。人们在茶文化的国度中找回迷失的自己。

茶之雅趣：斗茶

作为茶的发源地和产销茶的大国，我国有着丰富多彩的茶文化。茶道、茶诗、茶画等无一不吸引着爱茶人士追寻的目光，而同样是茶文化组成部分的茶俗却如一枝空谷幽兰，常常游离于人们视线边缘。实际上，茶俗并非如我们想象中那样遥远，它也可以出现在我们的日常生活中，比如斗茶。

提起斗茶，我们总会不由自主地想起宋代那个全民爱茶的时代。不过，斗茶并不是豪情万丈的宋代茶人发明的。早在唐代，斗茶就已经在著名的茶区建州出现了。建州是今天的福建省建瓯市，在唐宋时期是贡茶的主要产地。据唐人冯贽《记事珠》中记载，"建人谓斗茶为茗战"。这表明，斗茶（又称"茗战"）在唐朝已经成为一种固定的茶事活动了。

然而，直到宋代，斗茶才迎来了它的鼎盛时代。对此，宋徽宗赵佶曾在他的茶学专著《大观茶论》中写下了非常中肯的评价："缙绅之士，韦布之流，沐浴膏泽，熏陶德化，盛以雅尚相推，从事茗饮。故近岁以来，采择之精、制作之工、品第之胜、烹点之妙，莫不盛造其极……而天一之士，励志清白，竟为闲暇修索之玩。莫不碎玉锵金，啜英咀华，较筐箧之精，争鉴裁之别。虽下士于此时，不以蓄茶为羞，可谓盛世之清尚也。"

宋代的斗茶通常会在清明前后开始。此时，新茶刚刚上市，贡茶还没有送进宫廷中。参加斗茶的人都要将自己所制的新茶献出，供参加斗茶的人轮流品茶，并决出胜负。至于比赛的结果一般要由参加斗茶的茶人们集体做出评断。

斗茶的场所一般会选在规模较大的茶叶店。这些店通常情况下后厅都会有一个供斗茶者煮茶的小厨房。而斗茶的参加者也非常随意，可以是两个人斗，也可以是多人共斗。当斗茶的人数和地点确定之后，斗茶就正式开始了。

斗茶的内容主要包括两个方面，一是汤色，二是汤花。

所谓汤色就是茶水的颜色。就汤色而言，一般标准是以纯白为上，青白、灰白、黄白则等而下之。汤色与茶人制茶时的火候密切相关。只有成茶呈现纯白色，才能说明茶质鲜嫩，火候恰到好处。

所谓汤花就是汤面泛起的泡沫。影响汤花的因素主要有两个：一是汤花的色泽，二是汤花出现后水痕出现的早晚。其中汤花的色泽与汤色密切相关，因此标准一致。而汤花泛起之后，水痕出现早的为负，出现晚的为胜。

不过，只要用水得当，即使茶质上略次于对方，也可以取胜。

斗茶是宋代茶文化史上的一朵奇葩。正是由于斗茶的兴盛，泡茶才发展为一门集注重茶质、水质、火候及冲泡技巧于一身的综合艺术。宋代之后，斗茶之风渐熄，但被宋人称之为"点茶"的泡茶方式却作为茶艺和茶道的技巧功夫、生活艺术沿袭下来。

茶艺与茶道的关系

茶艺和茶道就像是茶文化发展史上的"双子座"。它们几乎同时产生,同时遭遇低谷,又同时在当代复兴。喝茶的养生保健功效是联系它们的纽带,并为它们的发展提供了广阔的群众基础。也正因为有了茶艺和茶道的存在,饮茶活动的目的才具有了更高的层次,人们才可以在最普通的日常喝茶中培养自己良好的行为规范及与他人和谐相处的技能。

然而,茶艺与茶道二者却有本质上的区别。而对于品茶的不同侧重则是这种区别最直接的表现。俗语说:三口为品。品茶主要在于运用自己视觉、味觉等感官上的感受来品鉴茶的滋味。在关于品茶的问题上,茶艺更加讲究茶品的资质、泡茶用水、茶具及品茶环境等。若能找到茶中佳品、优质的茶具或是清雅的品茶之地,茶艺就会发挥得更加完善。因此,茶艺侧重的是外在的物质方面。而当品茶达到了一定境界之后,我们就将不再满足于感官上的愉悦和心理上的愉悦了,只有将自己的境界提升到更高的层次,才能得到真正的圆满和解脱。于是,茶艺就在这一时刻演化成更加注重探究人生奥秘的茶道了。同茶艺相比,茶道更加重视通过品茶来提升自己的精神境界,达到"茶人合一"的高度。

除了对于品茶的侧重点不同之外,它们还在其他两个方面有着明显的不同之处。

一方面,茶艺是茶文化形式中的一种,而茶道则是对于茶文化精神内涵的一种探索。茶艺发展到当代之后形成了向"形式化"发展的趋势。如今,很多饮茶者都将茶艺视为一种技艺的代名词。茶技师和茶艺师的区别也由此而来。而茶道则继续传承了自古以来修身养性的传统,并开始成为当代茶文化的代名词。

茶艺和茶道就像茶文化发展史上的"双子座"

另一方面,从二者的发展历程来看,茶道自问世至今已经形成了前后传承的完整脉络、思想体系与精神内涵。更值得注意的是茶道早已成为我国传统文化中的重要组成部分。而茶艺虽然出现较早,却是直到明清时期才形成了专门的冲泡技艺的范式。到了当代之后,茶艺更是发展为一门集泡茶、音乐、舞蹈、表演等多种形式于一体的艺术。

　　虽然茶艺与茶道有这么多的不同，但是它们还是同属于茶文化这一整体。随着二者的不断发展，茶文化的内涵与外延也在不断地扩大，茶文化传播的范围也变得越来越广。相信在不久的未来，茶文化会以更加多彩的面目出现在我们面前。

第五章

茶与保健养生

从古至今,茶已经陪伴我们走过了数千年的历史。从最初的"得茶而解之"到今日茶文化影响遍及世界各地,茶走过了一条从解毒药物到饮料再到精神力量载体的演变之路。其实,无论茶的角色如何变化,它都是人们满足自己身心不同要求的产物,与保健养生结下了不解之缘。

茶的养生功效

一提起茶,人们的嘴角常会微微翘起。那微微翘起的嘴角隐藏的是一抹淡淡的微笑。茶不仅是日常生活中常见的饮料,更是守在我们身边的保健医生。它具有"三抗""三降""三消"的功效。只要饮用方式合理、饮用数量恰当,我们就可以成功地降低生病的概率,完成自我身心的滋养。这便是茶的养生功效的功劳。

也正是因为茶有养生的功效,我们才得以在日常的品茶活动中滋养身心。由此,不难看出,茶的养生功效是连接茶与人们养生保健的纽带。唯有对茶的这一功效持有深入的认识,我们才能在以茶养生保健的道路上畅通无阻。

茶的养生功效主要包括以下几个方面：

第一，茶可以改善五脏功能，预防脏腑器官的疾病。

日本的研究人员发现，长期饮绿茶的男性同不饮绿茶的男性相比，总胆固醇、甘油三酯含量较低，高密度脂蛋白与低密度脂蛋白比例也较好。而高密度脂蛋白对于保护心脏有很大的作用。另外，长期适量饮茶对于预防心脏跳动过缓和传导阻滞也有一定的作用。

除去护心之外，茶还是我们健脾护胃的好帮手。有时油腻食物吃多了，我们便可以饮下一杯热茶，茶中的健康元素就会刺激中枢神经，促进肠胃的蠕动，加快消化吸收的过程，起到健脾养胃的作用。

第二，茶可以杀菌消炎，预防过敏性疾病。

茶中的健康元素对危害人体的细菌有抑制作用。因此，常饮茶之人的身体不易被细菌侵入，从而有效地抑制了炎症的发生。同时，茶还可以预防过敏性疾病。科学家曾在大白鼠身上做过花粉症预防的实验，结果发现，无论是哪一种茶类，都可以帮助大白鼠躲过花粉症的袭扰。

第三，茶能够消暑降温，清热解毒。

据科学家研究发现，在夏天饮用热茶能够加速汗腺的分泌，使大量水分通过皮肤表面的毛孔渗出体外并挥发掉。当蒸发的水分越来越多时，人们就会逐渐地凉快下来。另外，茶中的维生素 C 能够参与人体内物质的氧化还原反应，促进解毒作用。又由于二者反应生成的物质多半溶于水，会随着尿液排出体外，从而达到清热解毒的效果。

第四，茶对血液系统有良好的保健作用。

茶对血液系统的保健作用主要体现在五个方面：第一，饮茶可以维持血液的正常酸碱平衡。第二，饮茶能够预防糖尿病。第三，饮茶能预防低血压。第四，饮茶能预防坏血病。第五，饮茶能预防高血脂。

除去上述四个方面之外，茶还拥有抑制细胞衰老、防治人体癌变、美容养颜、延年益寿的养生功效。茶就像是一个取之不尽用之不竭的百宝箱。它常常会在不经意间将惊喜带给我们。唯有饮茶、爱茶、与茶心心相通，我们才能将茶的养生之功发挥到极致，才能为自己制造出一分身心愉悦的欣喜。

茶中的健康元素

自古以来,茶就有"万病之药"的美誉,是人们在日常生活中进行保健养生的好帮手。古时,由于条件所迫,人们常常缺医少药。为了减轻身体上的痛楚,人们总会从茶树上采下新鲜的叶子加入自己的膳食之中一起烹煮。一段时间之后,身体上的痛楚就会慢慢减轻并消失。随着技术的不断进步,茶变成了人们日常生活中最为常见的饮料,但是它的养生功效一直没有被人们忘记。

宋代初期编纂的《太平御览》一书中曾经记载了这样一件事:西晋著名将领刘琨是与祖逖齐名的大将。有一次,他在与侄子刘演的信中提到了茶的妙用:"前得安州干茶二斤,姜一斤,桂一斤,皆所须也。吾体中烦闷,恒假真茶,汝可信致之。"

刘琨信中所提的"真茶"就是没有掺杂任何香料、没有经过任何复杂加工程序的散茶。刘琨本人长期被"体中烦闷"的症状困扰,因此就用饮用真茶的方式来加以疏解。由此,我们不难看出这位刘将军还是非常熟悉茶性的。他一直在利用茶的养生功效缓解自己的症状。

为什么茶会有如此功效呢?这是由茶中所含的健康元素的属性决定的。正是这些健康元素的存在才奠定了茶成为日常生活重要饮料的基础。我们只要对这些健康元素有所了解,便可以明白其中的真意所在了。

茶中的健康元素主要包括茶多酚、维生素类、生物碱、茶叶色素等。它们之中的任何一种元素都可以对人体产生极大的影响。

茶多酚又被称为"茶单宁",是众多健康元素中含量最多的。它是茶汤滋味和颜色的主要决定力量。儿茶素是茶多酚中的精华,浓缩了五百余种对人体有益的成分。而当茶多酚与咖啡碱共同作用之时,胆固醇的升高幅度就会被成功遏制,高血脂和血栓就会被成功地扼杀在萌芽状态。

生物碱的含量在健康元素中排在第二位。它的主要成分包括咖啡碱、可可碱等。咖啡碱可以使人体的中枢神经迅速兴奋起来,而可可碱有中和作用,有利于缓解纯咖啡碱对喝茶者心脏的刺激。这样,当生物碱发挥作用时，喝茶者就会感到神清气爽，心中舒畅。

除了以茶多酚、生物碱为主的有机物成分之外，茶中的健康元素还包括一些无机成分。我们将其称之为"灰分"。灰分主要有三类成分：一类是由50%的钾盐和15%的磷酸盐构成的主要成分；一类是以钙、镁、铁、锰为主的金属元素；一类是以铜、锌、硫为主的微量成分。虽然灰分所占的分量并不多，但是作用不小，尤其是其中的微量元素。这些看似不起眼的微量元素却是人体矿物质补充的重要来源。

正是因为健康元素的存在，茶才拥有了养生保健功效，人们才能在悠闲的品茶中滋养身心，缓解疲劳。

茶与中医养生理论

众所周知，茶最初是以药物的形式出现在人们的视野当中的。直到很久之后，茶作为日常饮料的功用才逐渐产生并在人群中普及起来。但是，在我国的茶叶发展史上，茶与中医之间一直维持着十分密切的往来。历代名医所著的医学专著上几乎都会有茶的身影。我国古代中医的集大成之作《本草纲目》中就曾记载"茶，味苦，甘，微寒，无毒"。

中医认为，甘者补而苦则泻。意思就是味道甘美的药物是用于进补的，味道苦涩的药物是用于除去身体中产生的废物的。而经过改良之后的茶恰恰同时具备了这两种特质。因此，茶在很多疾病的防治工作中都起着极为重要的作用，是一味兼补兼泻的良药。同时，也正是由于可攻可补、能入五脏的特质，茶常被用作单方或复方入药使用。

由此，我们可以得出这样一个结论：茶的药用是茶文化与中医文化结合的产物。茶通过自己独特的方式成为中医食疗队伍中的一员。使用方便、应用范围广、无毒副作用、预防效果显著、物美价廉是茶作为药用的主要优点。

茶在医药上的应用主要可以分为三种形式，一种是单味茶，一种是复方茶（即药茶），还有一种是代茶饮。不过，为了使用上的方便，我们常常会采用另一种分类法，那就是以用法作为分类标准。如果从用法上分，茶药可以分为内服、外敷与体外应用三类。

内服类是三类茶药中最常见，也是包含范围最广的。我们平日所见的茶剂、丸剂、散剂、锭剂、膏剂及片剂、袋装茶、速溶茶、茶膳、茶粥等都属内服类茶药的范围。

外敷类茶药主要是用于皮肤和黏膜的表面。它们的主要功效是治疗外科的软组织化脓性疾病、一些皮肤科疾病及眼科、口腔科、五官科等疾病。它们的应用形式包括点眼、吹喉、漱口、熏洗、调敷、末撒等。

体外应用类茶药主要是指将茶叶制成茶枕及熏烧虫害等。这类茶药并不直接作用于人体，而是通过与人体的直接或间接接触来帮助人体恢复健康。

在日常生活中，茶多是以人们习惯的饮料的身份出现的，很少展露自己在药食兼用方面的身手。而中医养生理论则为我们打开了以茶来滋养身心的新窗口。相信在茶的帮助下，我们将会很快摆脱亚健康状态，在淡淡的茶香中找回遗失已久的健康。

饮茶与精神保健

自从野生茶树被发现几千年以来，人们从来没有停止过对茶叶功能的探索。从最早的茶药同食开始，古人们便在日常生活中逐渐认识到了茶愉悦生理感官、愉悦审美感受及愉悦精神境界的功能，其中愉悦审美感受就是修养自身的心性，也就是我们今日所讲的精神保健的范畴。历代茶人都曾就茶叶与精神保健的问题在自己的专著中作了详细的论述。其中以唐代的卢仝、皎然大师与明代的徐祯卿的论述最有代表性。

作为中华茶道创始人之一的皎然大师曾在他的《饮茶歌送郑容》诗中写到："丹丘羽人轻玉食，采茶饮之生羽翼。常说此茶祛我疾，使人胸中荡忧栗。日上香炉情未毕，醉踏虎溪云，高歌送君出。"在皎然大师看来，饮茶不但能祛除身体的痰疾，荡涤心中忧虑，令人精神振奋，还能带来飞升得道的境界。

发展皎然大师茶道学说的卢仝写出了成为日本茶道始祖典籍的《七

碗茶歌》。其中"两碗破孤闷"一句就形象地阐明了饮茶同精神保健之间的关系。卢仝认为饮茶是一件赏心悦目的事情，能够帮助人们祛除心中的孤独与苦闷。

到了明代之后，饮茶能够修身养性的观点得到了进一步的传承。江南四大才子之一的徐祯卿就曾在他所作的《秋夜试茶》中提到"闷来无伴倾云液，铜叶闲尝紫笋茶。"当一个人心中烦闷又无人陪伴的时候该怎么办呢？只有借着品茗来消除心中的烦闷，摆脱寂寞的困扰了。

事实上，烦恼、寂寞是人们在心情不佳时最易生出的情绪。此种忧郁的情绪会使人们出现心理失衡的情况。而心理失衡正是影响人们健康的重要原因之一。近年来，世界卫生组织曾经就全球老年人的健康问题进行了一次全面的总结。在他们看来，合理膳食、适当运动、戒烟限酒、心理平衡是人们健康的四大基石。所以，做好自我的精神保健工作便成为了一件非常重要的工作。我们如何才能完成这项工作？我们不妨选择一些合适的茶饮来帮助自己。

我国传统医学认为，人体的健康是由于体内阴阳二气调和而成。当心理失衡的状况出现时，体内的阴阳二气也就失去了协调的状态。这时，积聚二气的脏腑器官就会受到损伤。要想使受伤的脏腑器官得到修复，我们就需要为它们补充足够的营养。而茶恰恰具有深入五脏之经，滋阴益气的功效。另外，从西医的角度来看，茶本身含有多种维生素及铁、钙等营养物质。这些营养物质将会为受伤的脏腑器官提供充足的营养，促进它们的修复。所以，适当地饮茶将会使自我的精神保健工作不再成为一个难题。

不过，在选择精神保健茶饮之时，我们还要注意以下几个方面的问题：第一，选择茶饮时，我们一定要从自身实际出发，并遵从医生的指导。这样，我们就不会因为体质、时令等方面的问题而受到伤害。第二，在饮用精神保健茶品的同时，我们还需要遵守"二忘三爱"的原则。所谓"二忘"就是指忘记各种事情带来的伤害，忘记过分计较个人得失。所谓"三爱"就是指爱生活、爱他人、爱自己。

唯有如此，我们才能在鲜嫩清新的绿茶、温暖如春的红茶、典雅厚重的黑茶及含蓄宁静的乌龙茶中放下心中的烦恼，忘记人间的纷争，勇敢地去拥抱心中的太阳。

茶饮与美容养颜

能够保持青春靓丽一直是我们心中最执著的一个愿望。为了实现自己这一心愿，我们付出了种种艰辛的努力，结果却往往不尽如人意。看着自己原本白皙红润的皮肤变得干枯焦黄，望着自己的一头秀发失去了往日的光泽，一种别样的滋味渐渐涌上心头。到底该怎么办才好呢？试试美容养颜的茶饮吧。它可以让你的肌肤变得红嫩润泽，柔软细腻，从而帮助你实现美容养颜的第一步。

其实，喝茶可以美容养颜并非空穴来风。茶中包含的健康元素具有抗氧化、清除自由基、抑制有害微生物、调节血脂、提高人体免疫力的功效。这些功效将会为我们带来很多惊喜。一方面，它们可以保证我们的身体健康；另一方面，它们还可以抑制面部粉刺与黄褐斑的形成，减缓皮肤的衰老速度。

正因为茶有如此功效，美容养颜茶才会诞生，成为人们在日常生活中与衰老对抗的好帮手。美容养颜茶品种众多，我国的六大茶类都是其中的一员。其中白茶中富含维生素，能不断为面部提供充足的营养，乌龙茶则可以帮助我们减少皮脂肪含量，提高皮肤角质层的保湿能力，从而保持皮肤的柔软度和弹性。

除去基本类型之外，美容养颜茶还包含一些特殊的茶饮，如冬季润颜茶、晒不黑的驻颜茶、克制面部斑点的消痘茶，等等。它们可以帮助我们在寒冷干燥的冬季减少面部的缺水起皮，在炎炎夏日中减少黑色素的沉淀，还可以帮助我们在青春痘和色斑肆虐之时清热解毒，赶走烦人的"深刻印象"。

尽管美容养颜茶有如此多的妙用，但是它的制作方法并不烦琐。我们可以按照自己的身体情况选择六大茶类中的任何一款茶品作为原料进行冲泡，也可以用中药、干花或食材放入砂锅中进行烹煮。

在日常生活中，常备一杯美容养颜茶，我们就可以及时排出体中的毒素，补充肌肤所需的营养，锁住肌肤中的水分。这样，我们就可以自信地走在大街上,不再害怕皮肤干燥失水或脸上长斑点了。

不过,虽然美容养颜茶对于人们的肌肤护理非常有帮助,但是也并非是适用于任何一个人的。比如具有活血化瘀散洁功效的海藻茶能帮助我们消除脸上的痘痘顽疾,但不适合处于生理期和怀孕期的准妈妈们饮用。

因此,当饮用美容养颜茶时,我们一定要慎重选择。自己如果拿不准,就一定要向医生请教之后方可饮用。唯有如此,我们才能避免不必要的损伤,真正开始自己的美容养颜之旅。

花草茶的独到妙处

花草茶是目前市场上最受欢迎的代茶饮之一。很多人专门将自己精心挑选的花草茶买回家,坚持长期服用。更有不少爱美的女士在饮花草茶的同时,打出了"做一个芳香美人"的旗帜。为什么会有这么多人争相将花草茶作为自己养生保健的最佳选择呢?到底花草茶有何独到之处呢?下面就让我们一起走进花草茶,撩开它神秘的面纱。

其实,所谓花草茶,简单地说就是指将植物的根、茎、叶、花、皮等部分进行烹煮或冲泡之后,产生芳香味道的草本饮料。同一般的饮料相比,花草茶显然更具有天然的色彩和健康的力量。因此,在问世不久之后,花草茶就迅速成为世界各国人民深爱的养生保健饮品。

同时,随着代茶饮事业的不断发展,花草茶的家族中新成员不断涌现。当今国外统计报告指出,可以用作花草茶的植物已经超过七百余种,常见的香草有薄荷、玫瑰、薰衣草、洋甘菊等三十余种。

随着社会生活节奏的加快,忙碌渐渐成为生活的主旋律。我们时常会因为压力过大而产生失眠、头疼、腰酸背痛、便秘、胃痛等时代文明病。因为忙碌,我们总是没有时间去医院。为了及时缓解身体上的病痛,很多人选择了花草茶。究其原因,主要在两个方面:

一是花草中含有的健康元素会使我们的身体得到适当的调理。花草中的健康元素主要包括精油、维生素、矿物质、类黄酮等。这些健康元素将为人体带来以下几大妙处：第一，它们能够使我们紧张的情绪和心情放松下来，缓解头痛，并消除失眠的影响。第二，它们能够减少肠胃道疾病发生的频率，促进人体的消化与呼吸，帮助我们轻松迎战时代文明病；第三，它们还能用比较温和的方式调理我们身体的机能，改善我们的体质；第四，它们发挥作用时产生的副作用较少。

二是花草茶具有不含咖啡因、低单宁与低卡路里等优点。花草茶的这些优点不仅是对咖啡因过敏的人的福音，更受到渴望通过饮用花草茶来减轻体重人士的欢迎。

正是花草茶的这些独到之处使得它深受人们青睐。不过，选用花草茶时还应注意一点：虽然花草茶可以在一定程度上缓解某些病症，但是请不要将花草茶当作医治百病的万能钥匙。花草茶的身份只是日常保健茶和疏解心中忧烦的生活茶饮。正视花草茶的身份才是对花草茶最大的尊重，才是正确地饮用花草茶的观念。

防病祛病的药茶

药茶是中医的重要组成部分，至今已经有几千年的历史。早在春秋战国时期，药茶就已经出现了。不过，一直到了唐代，将茶叶用于防病治病的论述才逐渐多了起来。《唐本草》中就曾记载："茶叶甘苦，微寒无毒，去痰热消宿食，利小便""下气消食，作饮加茱萸、葱、姜良。"

在唐代，饮茶已经成为了一种全国性的风尚，上至达官贵人，下至黎民百姓，都是茶的爱好者，人们逐渐接受了以药代茶的理念。于是，药茶就这样走进了历史舞台。唐代以后，经过历代医学家与养生家的不断完善，更多有效的药茶配方出现了。如今，药茶已经成为中医防病治病、保健养生中的一大特色。

虽然药茶名为"茶"，但是实际上，它并非只包括茶叶一种。当代的药茶主要包括三类：茶叶单行、茶药相配合饮用及以药代茶。所谓茶叶单行就是指通过泡饮茶叶的形式来预防某些慢性病。不过茶叶单行的效用毕竟有限。就这样，茶药相配合饮用的形式出现了。茶叶与其他多种药物随症配伍应用,便可以治疗多种疾病。至于以药代茶,就是用中药来代替茶叶成为患者的饮料。它是不需要使用茶叶或不适宜使用茶叶治疗的患者的福音。

人们可以根据自己病症的情况来选择适合自己的药茶。不过,病症的情况不同,药茶的制作方式和服用方法也是不一样的。常见的药茶服用方法主要包括冲服、煎服、和服、调服、噙服、顿服以及外敷、涂、擦等。若是服用的方法不正确,药茶的效果就不能很好地发挥出来,我们身体上的病痛就不能得到很好的缓解。因此,我们还需要熟悉药茶服用时需要注意的事项。

由于药茶很多时候是以药代茶,所以药茶的注意事项要比一般的茶饮要多一些。常见的药茶服用的注意事项有如下几个方面:

1. 饮茶者需要注意服用的适度问题。

孔子认为一切事都是"过犹不及"。服用药茶也是如此。通常情况下,药茶要以温热的状态服下。若是发汗类的药茶,就要以微微出汗作为标准。另外,药茶的冲泡或煎煮时间都不应该过长。一般不用隔夜茶。

2. 饮茶者需要注意所服药茶的时间性与季节性。

药茶有很多种类,单从时间和季节性上来讲,就有睡前服用、多次频服、季节性及经常服用等若干种。在服用药茶之前,我们需要将它们所用的场合区别清楚,以免造成误服。

3. 饮茶者自己制茶时要注意选择适合自己的原料。

药茶原料的选择主要需遵循两个原则:一是一定要选质量好的原料,不能用霉变或不洁的原料;二是要按照医嘱要求的配方选择。

4. 饮茶者需要学会选择制药的时机与贮药的方法。

药茶的制作讲究趁热打铁,尽量缩短制作时间,以免药茶变质。而要避免药茶变质,我们就需要将药茶放置在通风干燥的地方。

药茶是中医药中一颗璀璨的明珠。当对它们的功用、服用方法及注意事项了然于胸时，我们就可以放下对药茶的几分怀疑与畏惧，尽情地享受药茶带来的身心通泰的滋味了。

消暑败火的凉茶

人们常说六月的天就像孩子的脸，说变就变，刚才还是烈日炎炎，阳光普照，转眼间就大雨倾盆，河满渠平。这便是夏日偏热多湿的气候最真实的写照。如此气候本来就容易令人肠胃失调，若是自己又嗜辣如命，喜欢吃口味较重的食物，不久之后，上火、喉咙肿痛等症状就会找上门来。怎样才能达到去暑败火的效果呢？最直接的选择就是饮用凉茶。

凉茶是广东人的最爱。凉茶之于广东人可以说是"生命源于水，健康源于凉茶"。每当遇到上火的情况之时，人们就会在第一时间想到凉茶，并将它迅速取来饮下。因为凉茶本身是用药性寒凉和可以消除内热的中草药熬制而成的，这些制作凉茶的草药能够有效地祛除人体内的毒素，有着平衡阴阳、柔润肌肤、提高人体免疫力等功效。除去清热解毒的作用之外，凉茶还可以帮助我们治疗头晕耳鸣及高血压等疾病。最妙的是它可以在炎炎夏日中充当清凉饮料。

具体的凉茶制作起来并不难，既可以像古代那样烹水煮茶，也可以像现代一样直接冲泡。不过，在制作开始之前，要注意泡茶用具与冲泡配方的选择。一般情况下，制作凉茶的茶具并没有什么特殊的要求，但从茶的药用发挥的角度来看，泥陶壶是最佳的选择。

至于冲泡的配方，它既是制作凉茶的重要依据，又是凉茶分类的主要凭证。按照配方的不同，凉茶可以分为清热泻火凉茶、复方罗汉凉茶、参七茶、清热祛湿凉茶和感冒凉茶等五大类。我们可以根据自身情况来制作适合自己的凉茶。常见的凉茶有西瓜皮凉茶、橘子茶、荷叶凉茶、薄荷凉茶等。

喝着自制的凉茶，我们就可以将自己体内的虚火驱出体外，使自己的身心享受通体舒泰的美妙之感。然而，尽管凉茶有着去暑败火之功，却并不是每个人都适于饮用的。所以，我们在饮用凉茶时一定要注意对症下药,并将自己的体质作为重要的参考依据。

如果本身属于极寒类型的体质,我们就不宜饮用凉茶。因为强行饮用会造成严重的身体不适。如果本身属于极热类型的体质,我们就没有什么大的禁忌了,不过也应视自己身体的具体情况而定。除此之外,老人、婴幼儿、处于哺乳期和经期的女性也在不适合饮用凉茶之列。

凉茶味甘性寒,能使人们在炎炎夏日中感到一种由衷的清凉与舒适。只有准确合理地饮用凉茶,我们才能消除上火的症状,安享凉茶带来的一丝清风。

茶饮的最佳拍档

古人常把品茶当作一件非常考究的事情。每逢有闲暇时间,他们便会约三五好友找到一处山清水秀的地点,烹茶论道,感受生活,其乐融融。又或是自斟自饮,在宁静中细细地品味茶的神韵。此情此景正如梁实秋先生所说的那句"清茶最为风雅"。而这风雅之事需要有无数的学识来支撑。其中最重要的一点就是茶只有找到了自己的最佳拍档,才能真正地展现出它的韵味来。

什么是茶饮的最佳拍档呢?怎样做才能建立两者之间的关系,让它们成为最佳拍档呢?要想得出准确的答案,我们就需要从茶饮泡制的情境入手进行一一解读。

选茶和鉴茶是茶饮泡制的第一步。我们需要根据自己的兴趣和有关茶的常识去选出所要品饮的茶的原料。这时,若有一只质地优良的茶具作为展示的器皿,就可以使普通的茶品显得精神异常,使优质茶品变得熠熠生辉。

当选茶和鉴茶等准备工作完成之后,茶饮泡制便进入了第二步——冲泡。茶品冲泡本是雅事,因此冲泡过程中所用的茶具都极为讲究,所经的工序都非常细腻。另外,只有好的茶具才能将茶的香气表现出来,才能凝聚茶的风韵,才能让品茶者体味到茶香和茶韵的滋味。

由此,我们不难看出,在茶饮的泡制完成之前,好的茶具便是茶饮的最佳拍档。因为只有好的茶具才能将茶的色香味全面地展示出来，才能使泡制者与茶亲密接触。

品茶是茶饮泡制的第三步，也是终点。当进入品茶的阶段之后，茶具便失去了最佳拍档的地位。细品茶韵、感受生活乐趣已经上升到最重要的位置上。此时，只有茶与茶点、美酒与美食的和谐搭配才更能显示出茶的魅力。所以，在品茶阶段，茶点已经取代茶具的位置成为茶饮的最佳拍档。

茶点的种类很多，常见的有功夫茶点、书茶馆茶点、广式茶点等。

同其他茶饮相比，功夫茶更讲究浓、香，所以功夫茶点多以小点心为主。这些小点心的做工非常讲究，外形精致，味道可口。我们平日常见的绿豆茸馅饼、椰饼、绿豆糕、芋枣、各种膨化食品及蜜饯都可以用作佐功夫茶的茶食。

书茶馆是老北京的一大特色。在书茶馆中，听书是主业，品茶多是辅助性的，所以品茶时的茶点多是一些瓜子之类的零食。不过，在一些深受宫廷茶艺影响的书茶馆中，茶点就显得比较系统了。各种北京名吃，如艾窝窝、蜂糕、排叉、盆糕、烧饼等都是茶客们喝茶时经常选择的茶点。

与功夫茶点和书茶馆茶点不同，广式茶点讲究清而不淡，鲜而不俗，嫩而不生，油而不腻，有五滋六味之别。常见的广式茶点包括粥、水晶虾饺、烧卖、叉烧包等。

精致可口的茶点为品茶的过程增添了几抹夺目的亮色。它们一起搭档调配出来的口味就像一位穿着得体的貌美女子，令人赏心悦目。

我国古代的经典《学记》有言："独学而无友，则孤陋而寡闻。"喝茶也是如此。只有为茶饮找到最佳拍档之后，我们才能闻到更纯正的茶香，体味更深沉的茶韵。

中篇

因人而异，沏杯属于自己的健康茶

在社会生活中，存在着各种各样的群体，而不同的茶对于不同的群体，也有着不同的作用。那么，不同体质的人该如何健康饮茶？女人饮哪些茶才最适当？哪些茶最适宜老人饮用？特殊的群体又怎样用茶调理自己的身体健康？接下来，我们将有针对性地给您最适合的建议。

第一章

不同体质者的健康茶饮

不同的人，生来就会有不同的体质。有的人体热，有的人体寒；有的人极堵，有的人极通；有的人阳盛，有的人阴虚……用茶调理体质，正是一种十足优良的方法。中医常说"对症下药"，引用在这里就是"对症饮茶"。喝茶喝对了路，身体的调理效果才会明显，反之，则会加重身体的负担，甚至危害到身体健康。所以，对于不同体质的人来讲，只有恰到好处地饮对茶饮，才能真正实现以茶养人的目的。

热性体质的健康茶饮

热性体质的人，体内充满"热毒"，形体多消瘦，小便短少或发黄，大便干燥或秘结，畏热喜凉，喜欢吃冰凉的食品，喜爱喝水却仍然感觉口干舌燥。这一类体质的人通常思维敏捷灵活，但是容易情绪化，时常躁怒，脸色通红，脾气差且容易心烦。

同时，热性体质的人有的是阴虚型热性体质，如肺阴虚（干咳少痰、潮热盗汗）、心阴虚（心悸健忘、失眠多梦）、肾阴虚（腰酸背痛、眩晕耳鸣、男子遗精、女子月经量少)、肝阴虚（胁痛、视物昏花），等等，有的则是湿热型热性体质，即体内的湿与热同时存在，具体表现为肢体沉重，舌苔黄腻，湿疹疔疱，关节局部肿痛，特别是湿毒热毒进入脏腑，甚至可能出现身目发黄，恶心厌食，腹痛腹泻，尿便不利等严重的后果。

所以，可以说热性体质的人对于一种行之有效而又无毒副作用的调理方式的需求迫在眉睫，而茶饮似乎就是一个不错的选择。然而哪些茶可以对体热之人有比较好的功效呢？

一般来讲，寒凉属性的茶材是比较适宜热性体质的人群的，比如人参须、西洋参、决明子、苦茶、菊花、薄荷、仙草、绿豆、薏米、大麦、小麦、小米、杨桃、香蕉、猕猴桃、草莓、梨、葡萄柚、樱桃、绿茶，等等，都是体热之人饮茶的上好原料；而温热、辛辣刺激属性的茶材，比如姜、桂圆、肉桂等，则不适用于体热之人的调理。在这里，我们为大家推荐几种比较好的配方，以供参考。

1. 名称：金银花绿茶

材料：金银花5克，甘草1片，绿茶3克，沸水200毫升，冰糖适量。

制作方法：①把金银花和甘草洗干净并沥干以备用。②将金银花、甘草、绿茶一起放入茶壶之中，注入沸水并浸泡5~10分钟即可。可加入适量冰糖以调味。

保健功效：这款茶有清热解毒、消除肿痛、利尿消炎之功效。绿茶性寒，被誉为"国饮"，具有提神清心、清热解暑、消食化痰、去腻减肥、清心除烦、解毒醒酒、生津止渴、降火明目、止痢除湿等药理作用，还对现代疾病中诸如癌症、心脑血管病等顽疾有一定的药理功效；甘草性平，味甘，归十二经，有解毒、祛痰、止痛、解痉挛和抗癌的药理作用。

健康提示：脾胃虚寒、水肿者，慢性痢疾、慢性肠炎、慢性肝炎患者，白带过多者，要慎用此茶。

2. 名称：六味青草茶

材料：薄荷、桑叶、白茅根、仙草、六角英、菊花、冰糖各适量。

制作方法：①将所有的茶材洗净放入锅中并用水浸没。②大火煮沸之后，用小火慢煮30分钟，过滤后取汁饮用。③可依据个人口味加入冰糖调味。

保健功效：此款茶饮清凉退火、消暑解渴，对肾脏有解毒之功效，让燥热烦闷的饮茶之人浑身舒畅。

健康提示：①仙草味甘性凉，有清热解毒利湿之功效。它对血管平滑肌有一定的舒张作用，可以预防高血压，并且对咽痛、便黄、痰黄、咳嗽等症状有显著疗效。但是肝硬化和伤风冷咳患者不宜饮用此茶。②过量饮用此茶易导致腹泻。③各茶材用量请遵医嘱，根据自身情况进行恰当配伍。

当然，如果您没有条件或不情愿按配方配茶，几种有祛热功效的茶叶是可以供您直接冲泡饮用的。其中笔者首推的当属绿茶之中的太平猴魁。太平猴魁，是中国历史名茶，产于安徽省黄山市北麓黄山区（原太平县）新明、龙门、三口一带。太平猴魁外形为两叶抱芽，扁平挺直，自然舒展，白毫隐伏，其叶色苍绿匀润，叶脉绿中稳红，叶底嫩绿匀亮，芽叶成朵肥壮，汤色清绿明澈，兰香高爽，滋味醇厚回甘，有独特的猴韵。冲泡时，要尽量选择高玻璃杯，然后取茶叶3～5克，以根部朝下的形态放置于杯中，用90℃左右的开水冲泡。首次加水约三分之一杯，待茶叶浸透舒展成型后再次加水，并等待3～5分钟即可。太平猴魁有驱除热毒、利尿强心、瘦身减肥等诸多作用，可谓是名副其实的健康茶。此外，近年的生普洱，新制的凤凰单丛，未经复火的岩茶等各种生猛之茶也都对性热的人有很好的功效。

以上介绍的种种，相信对于热性体质的人来说，是一声声福音。用茶调理体热，不但可以做到保持健康，还可以提升精气，使您甩掉污浊，心情舒畅，容光焕发，更加积极地面对生活。

寒性体质的健康茶饮

生活中，我们总会遇到这样一些人：他们常常脸色苍白，唇色比较淡，怕冷，怕受风，手脚冰冷，不常喝水也不会觉得口渴，总觉得自己神经虚弱并且容易疲劳。他们喜欢吃热的食物，却经常腹泻。如果是女性，还会经常月经来迟，并且血块较多。

其实，如果排除其他病理性因素，这类人多半就是寒性体质者。寒性体质是身体内部阴气过剩，导致阴阳失调。具体表现为内脏对营养物质消化和吸收功能减弱，造成身体对热量吸收减少，因而使身体呈寒性。

除了先天身体内部阴气过剩导致阴阳失调的因素之外，寒性体质也容易因为后天不良的生活习惯而形成。比如过度饮用水、可乐、果汁；食物营养摄取不足；喝酒、抽烟、打麻将；心境不宽，常常发怒等，都十分容易促使身体向寒性体质发展。当一个人感觉到上厕所时尿量少且有残尿感；体力衰弱以致无法承受长时间的劳动；身体由内而外地发寒，尤其是下肢特别寒冷；常常起夜；时常会感觉到疲劳、倦怠；易上火，头晕、口渴等，那么他就有可能已经是寒性体质，要多加小心，对身体做好充分的保护和调理。

对于寒性体质的人来说，湿热的茶材是做茶饮比较好的选择，比如当归、人参、黄芪、四物、栗子、山楂、樱桃、红豆、花生、杏仁、生姜、茴香、九层塔、桂圆、桃子、桑葚、红茶、乌龙茶等；而寒凉属性的茶材如梨、冬瓜、苦瓜、苦茶、仙草等对于这样的人来说则是大忌。所以体寒之人在选择茶材的时候，一定要弄清其寒热属性，否则不但不能起到调理作用，反而还会加重身体的负担。

有几款茶饮对于体寒之人的功效是比较明显的，下面我们就将一一介绍给大家。希望体寒的朋友可以从中做出最适合自己的选择，使自己的身体更加健康，精神更加爽朗。

1. 名称：桂香姜奶茶

材料：肉桂棒1根，姜5片，红茶5克，鲜奶300毫升，蜂蜜适量。

制作方法：①将肉桂棒、姜、红茶、鲜奶放入锅中，小火煮3~5分钟，同时用调羹将原料搅匀。②待姜与肉桂的香味散出后，滤掉茶渣，取汁倒入杯中并加入适量蜂蜜调味。

保健功效：温暖浓郁的桂香姜奶茶，能缓解感冒初期的不适症状，促进血液循环，改善四肢冰冷的现象。

健康提示：肉桂有辛热助阳、动火的作用，因此孕妇不宜饮用。口干舌燥、身体烦热、夜间盗汗和月经过多的人也需小心饮用。

2. **名称：人参保健茶**

材料：人参5克、桂圆15克，五味子10克，红茶7克，沸水适量。

制作方法：①将人参、五味子洗净，捣烂。②将处理好的茶材与红茶一起放入茶壶之中，倒入沸水冲泡5分钟，滤掉茶渣，取汁倒入杯中饮用。

保健功效：在这款茶之中，五味子可谓是点睛之笔。五味子可以保护人体的脏腑，是少数能够兼补精、气、神三大裨益的药材之一。它能益气强肝，增进细胞排除废物的效率，增强人体新陈代谢的能力，并供应更多氧气，提高记忆力和性持久力。此茶有补中益气，补脏安神，明目益智，强身壮阳之功效。

健康提示：感冒、气喘、胸闷、头晕、身体有炎症的人，高血压患者，月经期女子，肥胖以及过敏体质的人慎用。

3. **名称：八宝茶**

材料：杏仁3克，红茶5克，栗子、花生仁、红枣、枸杞子、核桃仁各10克，白糖、水适量。

制作方法：①杏仁、栗子、花生仁、红枣、枸杞子、核桃仁洗净，沥干备用。②将以上材料放入研钵之中，加入红茶和白糖，并把所有材料一起研磨成粗末。③锅中加适量的水煮沸，加入研磨好的粗末，煮5分钟，去渣取汁，即可饮用。

保健功效：这款茶中的绝大多数原料都是性热之物，群热攻寒，疗效极为出众。其中的枸杞子虽味甘性平，但是属补血药。其滋味鲜甜，有益气生精，强壮健身，降压明目，补肝益肾，促进肝细胞新生，抑制肝脂肪沉积的效果。此款茶饮营养丰富，功效齐全，具有润肺止咳，养阴生津之功效。

健康提示：脾胃虚弱，消化不良，腹胀腹泻，患有高血压以及容易上火之人不宜饮用。

此外，如果您是一位体寒者，并且迫于工作或生活的压力，没有足够的时间或精力来精心准备一道配方复杂的茶膳来对自己的身体进行全方位的调理,我们建议您选择非常容易获得,并且成本也不是非常高的红茶。红茶性温热,具有提神消疲,生津清热,解毒利尿,消炎杀菌,强壮骨骼,舒张血管,养胃护胃等多重功效。它还具有多重的营养元素,富含多种矿物质和氨基酸,而且冲泡的方法十分简单,直接用沸水冲泡即可饮用,对于生活在快节奏中的体寒者来讲,正是综合了时间、成本、性用等各个方面的考虑之后一款极好的选择。

实性体质的健康茶饮

所谓实性体质,就是"极堵"的一种体质。实性体质的人身体缺乏排毒功能,即排便、排尿、排汗均有障碍;内脏有积热,郁积大量废物;有抗病力,对病邪也具足够扑灭能力;经常腹胀,有口干、口臭的现象;活动量大,声音洪亮,精神佳,身体强壮,肌肉有力,脾气较差,心情容易烦躁,会失眠,舌苔厚重。实性体质的人中,男性占据多数,通常表现为肌肉壮硕,声音洪亮,气粗力足,经常便秘等。

有些实性体质的人,认为自己的身体看起来敦实有力,平时又很少生病,即使生病也可以较快恢复,而不太注重自己身体的调理。实际上这是一种极其错误的观念。实性体质的人,"堵"的位置大体分为上中下三处:上部在胸膈之上,此处之"堵"易诱发心梗、胸闷、脑血栓、偏头痛等症状;中部在膈下脐上,此处之"堵"易诱发脾胃不和、胃胀等症状;下部则在腹部以下,此处之"堵"易诱发便秘、痔疮、痛风等症状。所以说,身体之"堵"是非常值得重视的,若不能够及时加以调理与平衡,将有可能带来令人忧虑的重大身体问题。

这类人在茶材选择上需要苦寒性的茶材,比如薏米、绿豆、梨子、橘子、仙草、西洋参、百合、芝麻、黑豆等。这些茶材利尿通便,有利于身体的疏通,可以将体内积攒的毒素排出体外。反之,若是选择肉桂、松子仁、姜、桂圆等热性的茶材,则会使原本就不够通畅的身体更加堵塞,对身体健康造成危害。

那么，具体什么样的茶饮可以帮助实性体质者逐渐摆脱"极堵"的困扰呢？在此，我们为大家推荐几款针对性较强的茶饮，供实性体质的朋友参考选择。

1. **名称：薏米冬瓜仁茶**

材料：薏米30克，冬瓜仁30克，水500毫升，冰糖适量。

制作方法：①将薏米洗净之后，用凉水浸泡8小时，同时将冬瓜仁洗净，沥干备用。②在锅中加水，并烧至沸腾，然后放入薏米和冬瓜仁，待薏米煮烂之后，再加入适量的冰糖，稍煮片刻后，滤掉渣滓，取汁饮用即可。

保健功效：薏米这种茶材，味甘淡，性微寒，富含氨基酸和维生素E，有助于排除体内的废弃物，促进新陈代谢，改善容易起痘痘的燥热体质，并且对皮肤粉刺也有一定的抑制作用。薏米还能够淡化黑色素，对肌肤有美白的效果，是爱美人士不可错过的一款天然护肤品。而这一款茶饮有降血压、降血糖、除水肿、通便利尿的作用；长期饮用可以改善肌肤粗糙，使肌肤柔嫩，是女性天然美肤保养专家。

健康提示：孕妇不宜饮用。

2. **名称：车前草绿豆茶**

材料：绿豆60克，车前草30克。

制作方法：①将绿豆浸在水中泡2个小时后沥干备用，同时把车前草冲洗干净。②将车前草与绿豆一同放入锅中，注入600毫升水并煎煮。③待茶汤熬煮至只剩下一半时熄火，去除渣滓，取用汤汁，倒入杯中即可饮用。

保健功效：车前草有利水通淋，清热解毒，清肝明目，祛痰止泻等功效，不仅可以饮用，还可以入药，深受广大百姓的喜爱。其与绿豆配伍而成的这一款茶饮，具有清热解毒、去火利水、明目祛痰、润喉止渴的功效。

健康提示：脾胃虚寒，有腹泻的人不宜饮用，容易导致胀气；消化不良的人要适量饮用。

3. 名称：莲花绿茶

材料：干莲花6克，绿茶3克。

制作方法：①所有材料放入壶中，注入沸水500毫升，静置2分钟后装杯饮用。②可反复冲饮直至茶叶味道逐渐淡却。

保健功效：莲花入茶材，具有清凉解暑、止血、止泻痢、降火气、除寒、补身、健胃、清心、祛除体内多余湿气、散瘀等多重功效。而这一款莲花绿茶有清静内心，消除烦躁，抑制口舌生疮等功效；适宜于高血压、高血脂、冠心病、动脉硬化、糖尿病患者，油腻食品饮用过多者和醉酒者。特别是在夏季，这款茶是去热消暑的上佳饮品。

健康提示：发热、肾功能不全、习惯性便秘、消化道溃疡患者，神经衰弱和失眠者不宜饮用；孕妇、哺乳期妇女和儿童也不适宜饮用。

说到这里，也许有的读者会问：要制作这样的茶饮耗时耗力，费神费材，是否有制作更加简便的茶饮来疏通实性体质呢？答案当然是肯定的。诸如芦荟茶、蒲公英茶、桑叶茶等，都是十分好的选择。这些茶的茶材成本不高且无需搭配其他茶材，制作方法也十分简单，仅冲泡就可以完成。此外，上面介绍过的薏仁、车前草等茶材也可以用来单独制茶。对于想更便捷地制作茶饮的实性体质者来说，这些都是不错的参考。

血瘀体质者的健康茶饮

如果你稍微留意，有些人总会这样抱怨："真是奇怪，天气一冷我的身上就会神不知鬼不觉地这青一块儿，那青一块儿。""我的脸总是干干的，皮肤也容易干燥骚痒，还容易长斑。""我一生气，身体就青一块、紫一块的，也不知道是怎么回事？""我怎么吃都这么瘦，想胖都胖不起来，不晓得营养都跑哪里去了！"

这类人如果去测试体质，通常都会得到同一个答案——血瘀体质。你别以为他们只是一小部分人群，有报道明确指出，血瘀体质占我国人群的比例约7.95%，以南方人、脑力劳动者和女性多见。

究其原因，这种体质主要有四种成因：一是由人的情绪失调引起的。《仁术便览》中说："死血作痛，瘦人多怒者常患此。"那些容易发怒的瘦人容易出现这种体质。二是疾病长期绵延，深入经络，使得气血受损从而引起血瘀体质。《黄帝内经·素问·痹论》中说："病久入深，荣卫之行涩，经络时疏，故不通。"如果病程时间长、病情较重，气血运行迟滞，经络就会不畅通，所以出现瘀滞。确实，如果一个人常年有病，病就会深入经络，拖延得过久，气血就会受损，处于"饥饿"的状态，气运行受阻，最后会出现瘀血。三是由外伤引起。如果遭遇跌打损伤之后，瘀血没有消除，时间过久气血会运行缓慢或出现妄语或有健忘的现象，这些都是瘀血引起的症状。四是由于人体的衰老引起的。我们都知道，比起年轻人，老年人由于身体各功能下降，因此气血运行不畅。气血运行缓慢和不畅都会导致血瘀体质的形成。

对于这类人，在茶饮上应选用活血养血之茶材，如三七、川芎、当归、丹参，等等。下面，我们就为血瘀体质的朋友介绍几款茶饮，它们对由血瘀性体质带来的种种疾病与不适有着非常好的防治与调节作用。

1. 名称：三七茶

材料：三七5克，花茶3克。

制作方法：①将三七放入锅中煎煮，去渣取汁。②取三七的煎煮液250毫升冲泡花茶饮用。③可反复冲饮直至茶味淡却。

保健功效：这款茶能够散瘀止血，消肿定痛。对于患跌打损伤瘀血肿块、吐血、咯血、衄血、便血、崩漏、癥瘕、产后血晕、恶露不下的血瘀体质之人十分有效。

健康提示：孕妇忌服。

2. 名称：芎艾茶

材料：川芎5克，艾叶2克，当归2克，白芍2克，阿胶2克，花茶2克。

制作方法：①将川芎、艾叶、当归、白芍、阿胶五味药一同放到锅中煎煮，煮后去渣取汁。②取五味药的煎煮液400毫升冲泡花茶饮用。③可反复冲饮直至茶味淡却。

保健功效：川芎与艾叶、当归等配伍而成的此茶，具有温经活血的功效，特别适用于腹痛胸疼的血瘀体质之人。

健康提示：阴虚火旺及气弱之人忌服。

3. 名称：丹母茶

材料：丹参5克，益母草2克，香附2克，花茶3克。

制作方法：将丹参、益母草、香附、花茶放入杯中，用300毫升开水冲泡后饮用，可反复冲饮直至茶味淡却。

保健功效：此茶具有活血调经的功效，适用于患经血涩少、产后瘀血腹痛、闭经腹痛、经血有暗红血块的血瘀体质者。

健康提示：①孕妇禁用。②无瘀滞及阴虚血少者忌用。

4. 名称：芎归茶

材料：川芎5克，当归2克，荆芥2克，花茶2克。

制作方法：①将川芎、当归、荆芥放入锅中煎煮，并去渣取汁。②取三味药的煎煮液350毫升冲泡花茶饮用。③可反复冲饮直至茶味淡却。

保健功效：活血养血，适宜于产后血晕的血瘀体质妇女。

健康提示：慢性腹泻，大便溏薄者忌食。

5. 名称：川芎茶

材料：川芎5克，花茶3克。

制作方法：①将川芎放入锅中煎煮，并去渣取汁。②取川芎的煎煮液250毫升冲泡花茶饮用。③可反复冲饮直至味道淡却。

保健功效：此茶具有活血止痛、行气开郁、祛风燥湿之功效，适用于患胁肋腹痛、产后瘀块阻痛、寒痹痉挛、痈疽疮疡、心绞痛的血瘀体质者。

健康提示：此处的花茶可选茉莉花、玫瑰花等，具体请遵医嘱，同时兼顾个人的喜好。但阴虚火旺、上盛下虚及气弱之人忌服此茶。

6. 名称：牛膝茶

材料：牛膝5克，花茶3克。

制作方法：将牛膝和花茶置于杯中，用200毫升开水冲泡后饮用，可反复冲饮直至味道淡却。

保健功效：此茶具有活血祛瘀、消痈散肿之功效，适用于患瘀血腹痛、产后瘀阻腹痛、跌打损伤、尿血、尿痛、闭经的血瘀体质者。

健康提示：此处的花茶可选红花、合欢花等，具体请遵医嘱，同时兼顾个人的喜好。但凡中气下陷者，脾虚泄泻者，下元不固者，梦遗失精者，月经过多者及孕妇均忌服。

7. 名称：丹参花茶

材料：丹参5克，花茶3克。

制作方法：①将丹参放入锅中煎煮，并去渣取汁。②取丹参的煎煮液200毫升冲泡花茶饮用。③可反复冲饮直至味道淡却。

保健功效：此茶具有活血祛瘀、安神宁心、排脓止痛之功效，适用于患瘀血腹痛、骨节疼痛、月经不调、痛经、心绞痛、恶疮肿毒、迁延性慢性肝炎、血栓闭塞性脉管炎的血瘀之人。

健康提示：此处的花茶可选红花、月季花等，具体请遵医嘱，同时兼顾个人的喜好。但孕妇及无瘀血者慎服此茶。

8. 名称：益母草花茶

材料：益母草10克，花茶3克。

制作方法：将益母草与花茶放入杯中，用300毫升开水冲泡后饮用，可以反复冲饮直至味道淡却。

保健功效：活血祛瘀，调经消水，适用于患月经不调、中漏下、产后血晕、瘀血腹痛、尿血泻血、疮疡痈肿、急性肾炎等的血瘀之人。

健康提示：此处的花茶可选红花、玫瑰花等，具体请遵医嘱，同时兼顾个人的喜好。但阴虚血少者忌服此茶。

此外，《黄帝内经·灵枢·生气通天论》中说："太阴之人，多阴之人，多阴而无阳，其阴血浊，其气涩以迟。"也就是说，血瘀体质者有气血凝滞、瘀浊不畅的特点。因此，在日常生活中，血瘀体质的人还要注意心态平和，特别是老人要注意针对这种体质进行相应的保健。

痰湿体质者的健康茶饮

在《黄帝内经》中，把肥胖的人分成了三类，分别是脂人、膏人和肉人。其中脂人一般四肢匀称，脂肪多，肉很松软，走起路来富有弹性，属于我们前面提到的阳虚体质；肉人一般皮肉紧凑，气血充盛，肌理致密，大多属于平和体质；而膏人则专指肚子很大的胖人，这种人一般都是痰湿体质。

中医理论认为，正是由于"膏人"体内的津液代谢不够畅通，容易产生痰湿，泛溢肌肤或停滞体内，从而形成肥胖。因此，可以说大肚腩是痰湿体质最明显的标志。除了大肚腩，这种体质的人还有易患高血压、糖尿病、肥胖症、高脂血症、哮喘、痛风、冠心病、代谢综合征、脑血管疾病等疾病的倾向。

究其本质，痰湿的生成与肺、脾、肾三大脏器关系最为密切。中医指出，脾、肺、肾司体内津液代谢，三者相互协调，共同维持人体水液的生成、输布与排泄。脾主运化津液，其作用主要表现在两个方面：一是指脾的运化功能，能够协助胃、小肠等将水饮进行消化、吸收，化生津液；二是指脾的升清作用，能够将既成之津液上输至肺，经肺布敷全身，或直接布散四旁，而发挥其滋养脏腑、润泽官窍的作用。肺主通调水道，即通过其宣发肃降作用对体内的水液发挥着疏通与调节作用。这也表现在两个方面：一方面通过肺宣发作用将津液向上向外布散，将浊液化为汗液排出体外；另一方面，通过肺的肃降作用，向下向内布敷津液，并将浊液下输膀胱。肾主津液代谢，主要表现在肾对水液代谢的升清降浊的作用，是通过肾阳气化作用来完成的。

所以，这类人的茶饮养生重点在于调补这三大脏器。对于痰湿体质而言，最适宜的茶材包括连翘、茯苓、陈皮、佩兰等。我们在下面将着重推荐几款效果比较明显的茶饮，希望对大家有所帮助。

1. 名称：荷叶翘苓茶

材料：荷叶5克，连翘、茯苓各3克，陈皮3克，佩兰3克，绿茶5克。

制作方法：①将荷叶、连翘、茯苓、陈皮、佩兰放入锅内，用400毫升水煎煮。②煮沸后去原料取汤汁。③用汤汁冲泡绿茶即可饮用。

保健功效：此茶具有清暑运脾除湿之功效，适用于秋季晚发伏暑或湿温初起的痰湿体质者。

荷叶翘苓茶

健康提示：脾胃虚弱、气虚发热、痈疽已溃、脓稀色淡者忌服此茶。

2. 名称：荷叶升茶

材料：荷叶5克，升麻3克，苍术3克，绿茶3克。

制作方法：将荷叶、升麻、苍术、绿茶放置于杯中，用200毫升沸水冲泡后即可饮用。可反复冲泡直至味道淡却。

保健功效：此茶具有升清阳、除湿消肿之功效，适用于患雷头风、头面起疙瘩并肿痛、恶寒发热、状如伤寒的痰湿体质者。

健康提示：上盛下虚、阴虚火旺及麻疹已透者忌服此茶。

3. 名称：回生茶

材料：藿香5克，陈皮3克，绿茶3克。

制作方法：将藿香、陈皮、绿茶放置于杯中，用250毫升开水冲泡后即可饮用。可反复冲泡直至茶味淡却。

保健功效：此茶具有除湿运脾之功效，适用于霍乱吐泻的痰湿之人。

健康提示：阴虚火旺者忌服此茶。

4. 名称：五苓茶

材料：茯苓5克，猪苓3克，泽泻3克，白术3克，桂枝3克，花茶5克。

制作方法：①将茯苓、猪苓、泽泻、白术、桂枝放入锅中，加入400毫升水煎煮，煮沸后去茶材取汤汁。②用煮沸的汤汁冲泡花茶，即可饮用。③可反复冲泡直至茶味淡却。

保健功效：化气利水，健脾去湿。适合患外感病发汗后，大汗出、胃中干、烦躁不得眠的痰湿之人；也适用于外有表征、内有饮停，发热、头痛、小便不利、烦渴引饮，或水湿内停、水肿身重的痰湿体质者。

健康提示：虚寒精滑者忌服。

5. 名称：藿香苓术茶

材料：藿香3克，茯苓2克，半夏2克，白术2克，厚朴2克，绿茶3克。

制作方法：①将藿香、茯苓、半夏、白术、厚朴放进锅中，加入400毫升水煎煮。②煮沸后去除茶材，留取汤汁。③用煮沸的汤汁冲泡绿茶，10分钟之后即可饮用。

保健功效：此茶具有解表和中、理气化湿之功效，适用于外感风寒、内伤湿滞、恶寒发热、头痛腹泻、胸腹痞闷、肠鸣呕恶的痰湿体质之人。

健康提示：阴虚火旺者忌服此茶。

6. 名称：白术茶

材料：白术10克，乌龙茶3克。

制作方法：将白术和乌龙茶放入杯中，加入300毫升开水冲泡即可饮用。可反复冲饮直至味道淡却。

保健功效：此茶具有健脾益胃、和中除湿之功效，适用于脾虚无力运化水湿所致倦怠少气、食欲不振、泄泻、水肿的痰湿体质者。

健康提示：阴虚燥渴、气滞胀闷者忌服此茶。

7. **名称：宽中茶**

材料：白术5克，陈皮3克，花茶3克。

制作方法：将白术、陈皮、花茶放入杯中，用250毫升开水冲泡后饮用，可反复冲饮直至味道淡却。

保健功效：此茶具有运脾除湿之功效，适用于脾湿胀满的痰湿体质之人。

健康提示：阴虚内热、津液亏耗者慎服；内有实邪阻滞者忌服此茶。

8. **名称：苓桂术甘茶**

材料：茯苓5克，桂枝3克，白术3克，甘草3克，花茶3克。

制作方法：将茯苓、桂枝、白术、甘草放入杯中，加入300毫升开水冲泡后即可饮用，可反复冲饮直至味道淡却。

保健功效：此茶具有健脾运湿、温化痰饮之功效，适用于胸胁胀满、眩晕、心悸的痰湿之人，亦适用于患有慢性支气管炎、支气管炎哮喘、心脏病、慢性肾炎所致水肿属阳虚者。

健康提示：①感冒病人不宜服用此茶；②孕妇、肾病、高血压、糖尿病患者应在医师指导下服用此茶；③泄泻兼有大便不畅，肛门有下坠者忌服此茶。

以上针对痰湿体质的健康茶饮，相信对朋友们来讲一定会起到很大的参考作用，但是区区几款茶并不足够，痰湿体质的朋友们还应当注意环境调摄，加强运动，不宜居住在潮湿的环境里，尤其在阴雨季节更要注意湿邪的侵袭。唯有从饮食、运动、起居等诸多方面配合调节，痰湿体质者才能使身体逐渐达到平衡，拒疾病于千里之外。

阴虚体质的健康茶饮

阴虚体质，实质是身体阴液不足。阴虚内热反映在胃火旺，能吃能喝，却怎么也不会胖，虽然看起来瘦瘦的，但是形体往往紧凑精悍，肌肉松弛。

　　阴虚的人还会"五心烦热":手心、脚心、胸中发热,但是体温正常。而且阴虚之人常见眼睛、关节、皮肤干燥涩滞,口唇又红又干。舌苔比较小,脉象又细又快。这种体质的人情绪波动大,容易心烦,或压抑而又敏感,睡眠时间短,眼睛比较有神。

　　阴虚体质除了先天禀赋外,其次是情绪长期压抑不舒展,不能够正常发泄会郁结而化火,使阴精暗耗;长期心脏功能不好,或者高血压的病人吃利尿药太多,最终也会促生或加重阴虚体质;长期食用辛辣燥热食品,也会导致此种体质。

　　由于体质偏颇的原因,阴虚体质的人群比较容易患结核、冠心病、肺炎、胃溃疡、高血压、糖尿病、早泄、月经不调、失眠、肿瘤等。

　　所以,阴虚体质的人宜选择滋阴、补阴、养阴类茶材,如百合、西洋参、黑豆和芝麻等。同时,这类人还应远离如干姜、丁香、肉桂、茴香、桂圆及核桃等助阳或伤阴类茶材。

　　具体来讲,乌龙芝麻茶、百合枣仁茶、西洋参莲子茶、党参麦冬茶、黑豆红枣茶、菊楂陈皮茶等都是适于阴虚体质朋友的不错保健茶饮。

1. 名称:乌龙芝麻茶

　　材料:乌龙茶2克,白芝麻5克,黑芝麻5克。

　　制作方法:①将白芝麻与黑芝麻洗净、沥干,备用。②用热水将乌龙茶冲去杂质后,沥干,备用。③将锅洗干净,擦干,导入白芝麻与黑芝麻,小火开炒至香味四溢。④将炒熟的芝麻盛入碗中,略放凉,研磨成粗末。⑤将研磨好的芝麻粗末与乌龙茶同时放入杯中,注入热水,静置1~2分钟后即可饮用。

　　保健功效:此茶不仅具有养阴润肺、通肠利便之功效,而且可以有效缓解日益渐长的白发与衰退的记忆力。

　　健康提示:喉咙肿痛、热燥性咳嗽、牙痛及肠胃炎患者忌服此茶。

2. 名称:百合枣仁茶

　　材料:鲜百合50克,生枣仁15克,熟枣仁15克,蜂蜜适量。

　　制作方法:①将鲜百合洗净,用水浸泡8~12小时。②将浸泡好的鲜百合放入锅中，加入生枣仁、熟枣仁，倒入适量水大火煎煮。③待水沸后，改小火继续煮 5~10 分钟，关火。④过滤掉枣仁渣，将枣仁水倒回锅内，放入浸泡好的鲜百合，继续煮。⑤待百合煮熟后关火。⑥将煮好的茶汤放置稍凉，根据个人口味放入适量蜂蜜，即可饮用。

保健功效：此茶不仅具有滋阴清热、宁心安神、补中益气、润肺止咳之功效，还适用于更年期综合征的治疗。

健康提示：少年儿童、孕妇、乳母不宜饮用此茶。

3. 名称：西洋参莲子茶

材料：西洋参 5 克，莲子 10 粒，冰糖适量。

制作方法：①将西洋参和莲子分别洗净，沥干，备用。②取洗净的砂锅，放入备好西洋参和莲子，加入适量水炖煮。③1 小时后加入冰糖，继续炖煮。④炖煮 10 分钟后，即可倒出茶汤饮用，并可将锅中的莲子捞出食用。

保健功效：莲子性平，具有健脾、益肾、养心的功效；配以西洋参，除可增强其益气之效外，还可滋阴养阴、生津止渴，尤其适用于气阴两虚、有热及脾虚体弱的高血压患者。

健康提示：畏寒、肢冷、腹泻、胃有寒湿、脾阳虚弱、舌苔腻浊等阳虚体质者忌服此茶。

4. 名称：党参麦冬茶

材料：党参 25 克，麦冬 10 克，北五味子 6 克，红枣 50 克，冰糖适量。

制作方法：①将红枣洗净，与党参、麦冬、北五味子放入砂锅中，加水 1000 毫升，煎煮 30~40 分钟。②煮好后，取汁 800 毫升，加入冰糖，溶化搅匀即可。每日 1 剂，分多次饮用。

保健功效：益气养阴，健脾生津，适用于气阴不足、精神不振、久咳少痰、热伤气津之体倦气短、咽干口渴、脉虚细等。

健康提示：由于实证、热证禁服党参，脾胃虚寒泄泻、胃有痰饮湿浊及暴感风寒咳嗽者均忌服麦冬，所以此茶不适宜上述人群饮用。

5. 名称：黑豆红枣茶

材料：黑豆 30 克，红枣 30 克，红糖适量。

制作方法：①将黑豆、红枣分别洗净放入锅中，倒入适量水大火煮沸。②煮沸后转小火继续煮，直至黑豆熟烂。③加入红糖拌匀，滤去豆渣与枣渣，取汁液饮服。

保健功效：此茶具有补肾益气、温脾化湿之功效，适用于肾阴不足而致头晕目眩、发白枯落、神经衰弱等症。

健康提示：脘腹胀满及小儿不宜饮服此茶。

6. 名称：菊楂陈皮茶

材料：山楂 10 克，白菊花 5 克，陈皮 5 克。

制作方法：①将山楂、白菊花和陈皮洗净，放入杯中。②倒入沸水，闷泡 5 分钟即可饮用。

保健功效：此茶滋阴健脾，理气健脾，燥湿化痰，清热去火，健胃消食，促进食欲。

健康提示：孕妇忌服此茶。

7. 名称：石斛绿茶煎

材料：鲜石斛 10 克，绿茶 4 克。

制作方法：①将鲜石斛洗净，切成节，放入砂茶壶内。②加入绿茶，用沸水冲入茶壶内。③再在小火上炖 5 分钟，即可饮用。

保健功效：石斛能滋养胃肾生阴液，清胃肾之热，其与能够健脾清胃肾热、清食化积的绿茶配伍入茶，适用于胃阴不足，肾阴亏损所致的烦热、消渴、口臭、牙龈出血或溃烂等症。

健康提示：可代茶频饮，或兑水再饮，也可用此饮料饭后含漱。

阳虚体质的健康茶饮

生活中，大家更多听到的都是阴虚体质，但事实上，在我们的身边，阳虚体质也大有人在。这类人的特征主要表现在四大方面：

第一，阳虚体质的人普遍畏冷，尤其是背部和腹部特别怕冷。当然，很多年轻女性常见手脚冰冷，但是如果仅仅是手指、脚趾发凉或发凉不超过腕踝关节以上，不一定是阳虚，与血虚、气虚、气郁、肌肉松弛有关。

第二，阳虚体质常见夜尿多，小便多，清清白白的，水喝进肚子里是穿肠而过，不经蒸腾直接尿出来。晚上还会起夜两三次。老年人夜尿多是阳气正常衰老，如果小孩子、中青年人经常夜尿，就是阳虚。要注意不能多吃寒凉食物，尽量少用清热解毒的中药。

第三，阳虚体质会经常腹泻，最明显的早上五六点钟拉稀便。这是因为，阳虚没有火力，水谷转化不彻底，就会经常拉肚子，最严重的是吃进去的食物不经消化就拉出来。

第四，阳虚体质还常见头发稀疏，黑眼圈，口唇发暗，舌体胖大娇嫩，脉象沉细。中年人阳虚会出现性欲减退、性冷淡或者脚跟腰腿疼痛、容易下肢肿胀等。女性可见白带偏多，清晰透明，每当受寒遇冷或者疲劳时白带就增多。

一般来说，阳虚体质主要来自先天禀赋，有的是长期用抗生素、激素类、清热解毒中药，或有病没病预防性地喝凉茶，或者性生活过度等都会导致或加重阳虚体质。这类人很容易肥胖，患痹证和骨质疏松等症。

所以，阳虚体质者的茶饮保健应选补阳的茶材，如冬虫夏草、人参、核桃、桂肉、花生仁、姜等；同时要远离金银花、蒲公英、白茅根、车前草、苦茶及冬瓜等偏寒性的茶材。对此，我们为广大阳虚体质的朋友推荐以下几款祛寒、补阳类茶饮，以激发大家身体的自愈潜能，并有效防治与阳虚体质相关的各类疾病。

1. **名称：桂花枸杞茶**

    材料：干桂花2克，枸杞10粒，红糖一勺。

    制作方法：将干桂花、枸杞和红糖放入杯中，适量开水冲泡即可。

    保健功效：此茶可暖胃、散寒、通窍、养血，对改善冬季怕冷、干燥的症状尤为见效。

    健康提示：①高血压、性情太过急躁者不宜饮用；②平日大量摄取肉类导致面泛红光者不宜饮用；③正在感冒发烧、身体有炎症及泄泻者忌服。

2. **名称：乌龙戏珠茶**

    材料：乌龙茶2克，花生仁6粒，松子仁2~3粒，核桃仁3~4颗。

    制作方法：①将花生仁、松子仁和核桃仁洗净，沥干备用。②待花生仁略干后炒熟，去皮。③将乌龙茶放入杯中，进行一泡后把水倒掉，茶叶备用。④将去皮的花生仁与松子仁、核桃仁同时放入研钵中，一起研磨成细末。⑤将研磨好的细末倒入乌龙茶的杯中，注入适量沸水。⑥浸泡2~3分钟即可饮用。

    保健功效：此茶具有升阳、健脾胃之功效，适于食欲不振、脾胃虚弱及亚健康等症。

    健康提示：高血脂人不宜饮用此茶。

3. **名称：桂花柠檬茶**

    材料：桂花一小捏（或桂花酱一勺），柠檬半个。

    制作方法：①将半个柠檬榨成汁，备用。②将桂花（或桂花酱）放入适量开水中泡5分钟。③待水温不烫手时，将柠檬汁倒入桂花水冲。④泡置片刻即可饮用。

    保健功效：桂花芳香、辛温，能暖肺开胃，配上可以入肝的酸柠檬，如果有痰还可以加入一块陈皮，尤其适合秋末饮用。

    健康提示：胃酸过多以及胃溃疡患者最好不宜饮用此茶。

4. 名称：冬虫夏草首乌茶

材料：冬虫夏草、人参、灵芝草、何首乌、山葡萄各适量。

制作方法：①将所有茶材洗净沥干后置于壶中。②以沸水冲泡15分钟后，即可饮用。

保健功效：能有效增强免疫力，预防病毒侵害，适用于肾虚精亏、身体衰弱、肺虚喘咳、头昏目涩之症，尤其是中老年患者。

健康提示：具体用量请根据自身情况遵医嘱，但少年儿童慎服此茶，肺热咯血者忌服此茶。

5. 名称：干姜暖身茶

材料：干姜2克，白芍7克，香附5克，蜂蜜适量。

制作方法：①将干姜、白芍、香附洗净沥干后置于壶中。②加入沸水，闷泡15分钟。③将闷泡好的茶水倒入杯中，根据个人喜好加入适量蜂蜜，即可饮用。

保健功效：此茶具有驱寒暖身、滋润面色之功效，可使人面色红润、精力充沛，尤其适用于手脚冰凉的阳虚体质者。

健康提示：阴虚内热、血热妄行者忌服此茶。

6. 名称：杜仲绿茶

材料：杜仲6克，绿茶适量。

制作方法：①将杜仲洗净，沥干，研成末，置于杯中备用。②绿茶倒入另一杯中，沸水冲泡。③将冲泡好的绿茶水倒入杜仲粉末的杯中，浸泡3~5分钟即可饮用。

保健功效：此茶具有滋补肝肾、降压降脂之功效，对阳虚体质者有很好的补阳作用。

健康提示：阴虚火旺者忌服此茶。

除了上述健康茶饮之外，阳虚体质者还应注意饮食调养，多吃温热食物，少吃或不吃生冷、冰冻之品；注意保暖，即使在燥热的夏季最好也少用空调；不要熬夜，保证睡眠充足。

阳盛体质者的健康茶饮

阴阳学说贯穿在中医理论体系的各个方面。中医认为，凡对人体具有推动、温煦、兴奋作用的物质和功能同归于阳，如人之上部、体表等均为阳。阳盛体质者是指机体呈现阳气偏盛，身体机能亢奋，并以邪热为表象的病理状态的人。

这些人从外表上看，多给人一种身体健壮、精力旺盛的表象，但事实上，阳盛体质同样是一种病理体质。这类人不轻易生病，一旦患病，多为突发病、急性病，主要见于感染性和传染性疾病。

为此，阳盛体质的朋友一般要选用清热滋阴的茶饮来调理自身。在这方面，常用的茶饮药材有连翘、防风、栀子、金银花等。在此，我们推荐以下茶方给阳盛体质的朋友。

1. 名称：黄芩绿茶

材料：黄芩6克，绿茶3克。

制作方法：①将黄芩放入锅中，加入200毫升水煎煮。②煮沸后，取用汤汁冲泡绿茶，5~10分钟后即可饮用。③可反复冲泡直至茶味淡却。

保健功效：此茶具有清热燥湿、解毒之功效，适用于患热病烦躁、湿热泻痢、黄疸、热淋、目赤肿痛、痈肿疔疮、肺炎、肝炎、肾炎的阳盛体质者。

健康提示：脾肺虚热者忌之。

2. 名称：知柏茶

材料：知母3克，黄柏0.5克，茉莉花茶3克。

制作方法：①将知母、黄柏放入锅中，加入250毫升水煎煮。②煮沸后，取用汤汁冲泡茉莉花茶，5~10分钟即可饮用。③可分数次饮用。

保健功效：此茶具有清热除湿、养阴降火之功效，适用于患痢疾、遗精、赤白带下的阳盛体质之人。

健康提示：脾胃虚寒、大便溏泄者忌服。

3. **名称：翘风茶**

材料：连翘5克，防风3克，栀子3克，甘草3克，绿茶5克。

制作方法：①将连翘、防风、栀子、甘草、绿茶放入杯中，用200毫升开水冲泡。②10分钟后即可，可冲泡2~3次饮用。

保健功效：此茶具有清热疏风之功效，适用于患外感热病的阳盛之人。

健康提示：脾胃虚弱，气虚发热，痈疽已溃，脓稀色淡者忌服。

4. **名称：大黄茶**

材料：大黄2克，红茶5克，白糖10克。

制作方法：①将大黄、红茶、白糖置于杯中，冲入200毫升沸水。②冲泡约10分钟后即可饮用。可反复冲泡直至茶味淡却。

保健功效：此茶具有清热泻火之功效，适用于患实热便秘、痢疾初起、痈疡肿毒、阳黄、水肿、淋浊、上消化道出血、急性胰腺炎、胆囊炎的阳盛体质者。

健康提示：孕妇、婴幼儿及大便溏泄者忌服。

5. **名称：黄连茶**

材料：黄连0.5克，绿茶5克，白糖15克。

制作方法：①将黄连、绿茶、白糖放入杯中，用200毫升沸水冲泡。②静置5~10分钟即可饮用，可反复冲泡直至茶味淡却。

保健功效：此茶具有泻火、解毒、燥湿、杀虫之功效，适用于患热病心烦、菌痢、咽喉肿痛、目赤、口腔溃烂的阳盛体质者。

健康提示：胃虚呕恶、脾虚泄泻、五更肾泻之人，均应慎服。

6. **名称：金银甘茶**

材料：金银花5克，甘草3克，绿茶3克。

制作方法：①将金银花、甘草、绿茶置于杯中，用200毫升沸水冲泡。②静置5~10分钟即可饮用。

保健功效：此茶具有清热凉血、调和胃气之功效，适用于患疮疡，热病，咽喉肿痛的阳盛之人。

健康提示：脾胃虚寒者忌服。

第二章

女人的健康茶饮

女人如水，娇柔欲滴，因此需要加倍的呵护与关爱。茶，对于女人来说，是一种养生调理的绝佳饮品。现代都市的女性越来越多地参与到社会生活的各个方面，繁忙而劳碌，有的还肩负着工作和家庭的双重重任。饮一口茶，不但可以让疲惫的你神经舒缓，压力释放，还可以由内而外地调整身体状态，重拾健康活力。然而，对于女人而言，哪些茶饮最有益于健康？它们神奇的功效又体现在哪里呢？

红花茶：活血化瘀

红花，在这里主要指的是番红花，又称藏红花、西红花，属鸢尾科植物，被印度女性称为"让女人美丽的花"。我们取用的部分一般是它的花柱或柱头，其形如线，先端较宽大，向下渐细呈尾状，先端边缘为不整齐的齿状，下端则是残留的黄色花枝；其长约2.5厘米，直径约1.5毫米，紫红色或暗红棕色，微有光泽；其体轻，质松软，干燥后质脆易断；其气异，微有刺激性，味微苦。红花在全国各地都有种植，不仅具有活血通经、散瘀止痛、祛斑消炎等药理作用，而且有提高心血管活性、降血压血脂、抗血栓、抗疲劳、防衰老等保健作用。

关于红花治疗妇产瘀血症的奇效，至今还流传着一个故事。据宋代顾文荐《船窗夜话》记载，新昌有一位姓徐的妇女产后病危，家人请来一位姓陆的名医诊治。待他赶到病人家，产妇气已将绝，唯有胸膛微热，大夫诊后考虑再三说："此乃血闷之病，速购数十斤红花方可奏效。"他命人用大锅煮红花，沸腾后倒入三只木桶，取窗格放在木桶上，让病人躺在窗格上，用红花的药气去熏，待药汤冷后再加温倒入桶中。如此反复，过了一会儿，产妇僵硬的手指开始能动了，就这样熏蒸了半天左右，产妇逐渐苏醒，脱离了险境。

古代产妇瘀血需要用红花，现代的女性同样也很需要它。日益繁重的工作和生活压力让女性容易肝郁气结，肝郁不解就气血不通，气血不通就容易月经不调。再加上现代女性都是美丽"冻"人，平时又喜欢贪凉喝冷饮，所以大部分都气虚体寒，盆腔内积压瘀血，导致痛经、闭经，严重的还引起妇科炎症和肿瘤。而中医认为红花味辛，性温，归心经、肝经，气香行散，入血分，具有活血通经，祛瘀止痛，美容祛斑的功效，主治痛经、经闭、产后血晕、瘀滞腹痛、胸痹心痛。

就广大女性朋友来讲，我们主要就是利用红花活血通经，散瘀止痛的作用。我们可以选择传统的红花茶调理身体，也可以针对身体的不同问题，将红花与不同的原料搭配起来，调配出对自己更加合适的健康茶饮。下面，我们就为大家详细介绍一下，以满足女性朋友们的不同需求。

1. 名称：红花茶

材料：红花2~3克。

制作方法：①把红花放入杯中，用沸水冲泡；②约10分钟后，即可饮用。（水随时可以添加，直到红花味道淡却。）

保健功效：此茶通过活血化瘀，加速血液循环，促进新陈代谢，增加排除黑素细胞所产生的黑色素，促进滞留于体内的黑色素分解，使之不能沉淀形成色斑，或使沉淀的色素分解而排出体外；增强冠脉流量，抑制血栓形成，促进血液循环；能显著提高耐缺氧能力，对免疫力的提升用促进作用；活血镇痛通经，适用于血寒性闭经、痛经及各种瘀血性疼痛，包括无月经、月经过多、冠心病所致胸痛等。

健康提示：①红花也可以煎水服用，但用来养血活血时，用量不宜过大，而用于活血祛斑时，用量宜多。②饮服红花可能导致流产和胚胎死亡率的上升，因此孕妇忌用此茶。③月经量过多的女性在经期最好不要饮用此茶。

2. **名称：玫瑰红花茶**

材料：玫瑰20克，红花15克。

制作方法：将玫瑰、红花混匀后放入杯中，用开水冲泡后即可服用。

保健功效：对闭经、痛经等女性生理期问题有调理的作用。

健康提示：①有出血倾向者不宜服用此茶。②经量过多的女性在经期最好不要饮用此茶。

3. **名称：红花三七茶**

材料：红花15克，三七4克。

制作方法：①将红花、三七混匀后，分三次放入杯中。②以沸水冲泡，温浸片刻，待稍凉即可饮用。

保健功效：此茶具有舒张血管、降脂降压之功效，既是女性调血养血的保健茶饮，又是女性保养心脏的健康之选。

健康提示：请遵医嘱，孕妇禁用，经量过多的女性在经期最好不要饮用。

4. **名称：青皮红花茶**

材料：青皮10克，红花10克。

制作方法：①将青皮晾干以后切成丝，与红花一同放入砂锅。②加水浸泡30分钟之后，煎煮30分钟。③用洁净纱布过滤，去渣后取汁，即可饮用。

保健功效：理气活血，对气滞血瘀型治疗盆腔炎有意想不到的疗效。

健康提示：作茶可频频饮用，或早晚2次分服。孕妇禁用，经量过多的女性在经期最好不要饮用。

5. 名称：红花绿茶

材料：红花适量，绿茶适量。

制作方法：①将红花的茎叶洗净、切碎、烘干。②将红花按照5%~20%的比例与绿茶混合，并通过掺和、搅拌、分筛、复烘及装袋等工序，制成袋泡茶。③开水冲泡即可饮用。

保健功效：花茶茎叶中含有丰富的维生素、氨基酸、多糖体及钙元素，具舒筋活血、提神健脑、消脂减肥等多种保健功能。

健康提示：不宜睡前饮用。

6. 名称：产后红花茶

材料：红花15克，干荷叶5克，蒲黄3克，当归5克。

制作方法：①将红花、干荷叶、蒲黄、当归放入锅中，用沸水冲泡。②加盖闷15分钟后即可饮用。

保健功效：治疗产后瘀滞腹痛、恶露不尽。

健康提示：饮此茶期间注意保持轻松的心情，配合充足的休息。

7. 名称：桃仁红花茶

材料：川芎7.5克，桃仁15克，郁金15克，当归7.5克，藏红花7.5克。

制作方法：①将郁金用水过滤；桃仁先经过炮制。②将所有药材用450毫升热开水冲泡10~20分钟后，滤药取汁，即可饮用。③也可以将所有药材放入电锅内锅中，加入3碗水，外锅放1杯水，待开关起跳后，滤药取汁，即可饮用。

保健功效：祛瘀行血，润燥滑肠，活血化瘀，有镇痛消炎、改善痛经的功效。

健康提示：此方为1天的分量，3天服用1次，10次为1个疗程。另外，孕妇不宜服用。

玫瑰花茶：疏肝解郁

玫瑰象征爱情，象征浪漫，象征女人姣好的容颜，也象征着一种铿锵不屈的品格。自古以来，各种关于玫瑰的传说在各国民间流传。在求爱的时候，男孩子喜欢献上一捧玫瑰表达自己的爱恋，让女孩子为之动容。无论是一朵、三朵、十二朵，抑或是九百九十九朵、一千零一朵……无尽的浪漫都会在夜空下绽放开来，温暖这个世界。而玫瑰，作为一种上佳的茶材，更是博得了天下女子的芳心。

在植物分类学上，玫瑰是一种蔷薇科蔷薇属灌木，在日常生活中则是蔷薇属一系列花大艳丽的栽培品种的统称，这些栽培品种亦可称作月季或蔷薇。玫瑰果实可食，无糖，富含维生素C，常用于香草茶、果酱、果冻、果汁等。玫瑰在世界各

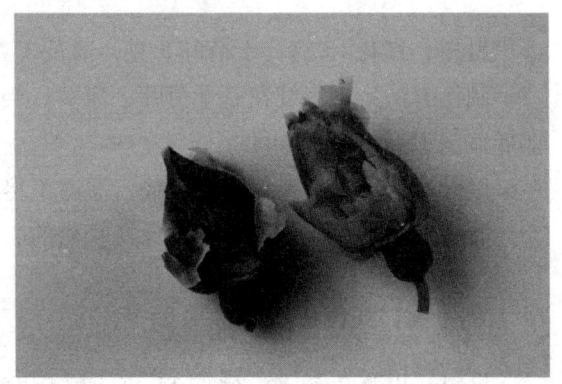

玫瑰花茶

地，特别是东亚和欧美有广泛的栽培，有紫玫瑰、白玫瑰、红玫瑰、重瓣紫玫瑰、重瓣白玫瑰、现代杂交月季等多个品种。

中医指出，玫瑰味甘、微苦，性温，归肝经、脾经，具有行气解郁、和血止痛的疗效，常用于肝胃气痛，食少呕恶，月经不调，跌扑伤痛等症状的调养与治疗。正因如此，茶叶店里常有颜色鲜艳的干玫瑰花出售，只是很多人由于不了解其作用而忽视了它。其实，女性平时常用它来泡水喝，有很多好处。尤其是月经期间情绪不佳，脸色黯淡，甚至是痛经等症状，都可以得到一定的缓解。此外，玫瑰花性温，能够使人的心肝血脉得到温润地滋养，使体内的郁气舒发出来，是人们宁心抗抑郁的好帮手。女性在月经前或月经期间常会有些情绪上的烦躁，喝点玫瑰花茶

可以起到调节作用。在工作和生活压力越来越大的今天,即使不是月经期,也可以多喝点玫瑰花茶,安抚、稳定情绪。

那么,如何制作出口感适宜,味道芳香,功效明显的玫瑰花茶饮呢?我们接下来就将对这个问题进行解答。

1. 名称:玫瑰枸杞茶

材料:玫瑰、枸杞各3~5克。

制作方法:①将玫瑰和枸杞一同放入杯中,用沸水冲泡。②静置约10分钟即可饮用。可反复冲泡直至茶味淡却。

保健功效:玫瑰通经活络,养血安神;枸杞补肝肾,对虚劳精亏、血虚萎黄具有很好的疗效。这款茶的主要作用是养肾补精、养血安神。

健康提示:经期中的女性,可以在茶水中加入少量红糖。因为红糖有补血的作用,同时还可以让茶水更加香甜。

2. 名称:玫瑰红枣茶

材料:玫瑰3~5克,红枣2~3粒。

制作方法:①把玫瑰和红枣一同放入杯中,用沸水冲泡。②静置10分钟后即可饮用。可反复冲泡直至茶味淡却。

保健功效:这款茶的主要功效是补中益气、养血安神,对气血不足引起的失眠、健忘、眩晕等疾症,具有明显的疗效。

健康提示:这款茶水尤其适合女性经期引用。

3. 名称:牡丹花玫瑰茶

材料:牡丹花1~2朵,玫瑰花5克。

制作方法:①把牡丹花和玫瑰一同放入杯中,用沸水冲泡。②静置5分钟后即可饮用。可反复冲泡直至茶味淡却。

保健功效:这款茶的主要功效是益气养血,促进血液循环,经常饮用能够使气血充足,并兼有美容养颜、镇痛降压的作用。

健康提示:茶水中加入适量蜂蜜、冰糖或者红糖,能令滋味更加香甜清美;这款茶尤其适合女性经期饮用。

4. 名称：月季玫瑰雪莲红花茶

材料：月季花、玫瑰花、雪莲子、红花各3~5克。

制作方法：①把月季花、玫瑰花、雪莲子、红花一同放入杯中，用沸水冲泡。②静置10分钟左右即可饮用。可反复冲泡直至茶味淡却。

保健功效：这款茶的主要功效是益气活血、调节月经，同时具有美容作用。另外，月季、玫瑰、雪莲、红花都有镇痛的作用，这道茶尤其适合痛经的女性。

健康提示：在这款茶中，红花不宜孕妇，月季花不适合血热血虚之人。

5. 名称：玫瑰冰菊茶

材料：玫瑰花3~5克，菊花3~5克，蜂蜜适量。

制作方法：①把玫瑰、菊花放入杯中，用沸水冲泡。②静置约10分钟后，加入适量蜂蜜即可饮用。可反复冲泡直至茶味淡却。

保健功效：这款茶的主要功效是镇静安神、舒缓神经，能有效缓解身心压力，还有降血脂、血压的作用，尤其适合工作强度大的白领一族。

健康提示：茶水中加入冰块或将茶放入冰箱冰镇一下，适合夏季消暑解烦。

6. 名称：玫瑰薄荷洋甘菊茶

材料：玫瑰3~5克，薄荷1~3克，洋甘菊3~5克。

制作方法：①把玫瑰、薄荷、洋甘菊放入杯中，用沸水冲泡。②静置约10分钟左右即可饮用。可反复冲泡直至茶味淡却。

保健功效：这款茶的主要功效是清热祛痒、镇静安神，能够缓解情绪紧张、心绪不安，以及减轻失眠的症状。

健康提示：夏季可以将适量的玫瑰花、薄荷叶和洋甘菊放入大锅中煎煮。用熬煮后的水泡澡，能够清凉肌肤，放松神经，还能缓解夏季蚊虫叮咬引起的皮肤瘙痒。

7. 名称：勿忘我玫瑰茶

材料：勿忘我 3~5 朵，玫瑰 5~10 克。

制作方法：①把勿忘我和玫瑰放入杯中，用沸水冲泡。②静置 3~5 分钟即可饮用。可反复冲泡直至茶味淡却。

保健功效：这款茶的主要功效是宁心安神，促进血液循环和细胞新陈代谢，增强人体免疫力，兼有美白润肤的功效。

健康提示：勿忘我和玫瑰都有养血调经的作用，尤其适合经期女性饮用。

8. 名称：玫瑰巧梅茶

材料：玫瑰 3~5 克，红巧梅 2~3 朵。

制作方法：①把玫瑰和红巧梅一同放入杯中，用沸水冲泡。②静置 5 分钟后即可饮用。

保健功效：这款茶的主要功效是调理女性经血、改善内分泌、加速人体新陈代谢、延缓衰老，同时也能够祛斑养颜。

健康提示：脾胃虚寒、经常腹泻的人士和孕妇要慎饮。

总之，玫瑰花茶性质温和、降火气，可调理血气，促进血液循环，养颜美容，对女性来说可谓是一剂经典良茶。

葛根茶：补充雌激素

葛根，为豆科植物野葛，是中国南方一些省区的一种常食蔬菜。它的主要成分是淀粉，并含有胡萝卜甙、氨基酸、香豆素类等。其味甘凉可口，常作煲汤之用。

葛根可作为药物应用。明朝著名的医学家李时珍对葛根进行了系统的研究，认为葛根的茎、叶、花、果、根均可入药。他在《本草纲目》中这样记载：葛根，性甘、辛、平、无毒，主治：消渴、身大热、呕吐、诸弊，起阴气，解诸毒。现代科学研究还发现：葛根能够提高肝细胞的再生能力，恢复正常肝脏机能，促进胆汁分泌，防止脂肪在肝脏堆积；促进新陈代谢，加强肝脏解毒功能，防止酒精对肝脏的损伤；通过改善心肌缺血状态，防治冠心病、心绞痛、心肌梗死等心血管疾病；通过改善脑缺血状态，防治脑梗死、偏瘫、血管性痴呆等脑血管疾病；强化肝胆细胞自身免疫功能，抵抗病毒入侵，等等。

另外，雌激素对于女人来讲，是女人体内自产自销的保健品和美容剂。雌激素分泌过少，女人就会皮肤粗糙，面容晦暗，乳房发育不全，成为一个"太平公主"；雌激素分泌过多，则会增加患妇科癌症的风险。而葛根含有活性很高的植物雌激素异黄酮，可双向平衡女性体内的雌激素，调节女性内分泌，使女人即使人到中年也能健康美丽。近年来，葛根被冠以"女性保护神"的头衔，正是因为这个原因。这一种天然的植物雌激素，是大豆异黄酮的100~1000倍，对于滋养卵巢、延缓女性衰老有着显著的作用，尤其对中年女性和绝经期女性的保健作用最为明显。

关于葛根对女人的功效，我国古代还流传着一个美丽的传说。相传盛唐年间，某山脚下住着一对夫妻，男称付郎，女叫畲女。男读女耕，十年寒窗，付郎高中进士。本是喜从天降，付郎却烦恼满怀，只因长安城里富家女子个个艳若牡丹，丰盈美丽，想妻子长年劳作，瘦弱不堪，于是有心休掉畲女。他托乡人带信回家，畲女打开只见两句诗"缘似落花如流水，驿道春风是牡丹"。畲女明白付郎要将自己抛弃，终日茶饭不思，以泪洗面，更是容颜憔悴。山神得知后，怜爱善良苦命的畲女，梦中指引畲女每日到山上挖食葛根。不久，畲女竟脱胎换骨，变得丰盈美丽，光彩照人。付郎托走乡人后，思来想去：患难之妻，怎能抛弃？于是快马加鞭，赶回故里，发现妻子变得异常美丽，更是大喜过望，夫妻团圆，共享荣华。从此畲族女子便有了吃食葛根的习俗，而且个个胸臀丰满，体态苗条，肤色白皙。

葛根对女人的作用如此明显，自然成为"女人茶"的茶材中备受青睐的选择。接下来的内容中，我们将给各位读者推荐几款以葛根为茶材的好茶，以供女性朋友参考。

1. 名称：葛根茶

材料：新鲜葛根30克或干葛根5~10克。

制作方法：①将葛根洗净切成薄片。②把葛根片放入杯中，用沸水冲泡约 20 分钟后即可饮用。③可反复冲饮直至味道淡却。

保健功效：解热生津，保肝解酒，调节内分泌，缓解女性更年期不适。

健康提示：①泡葛根茶的第一泡最好用沸水，以利于葛根茶里的水溶性葛根素和葛根黄酮充分被溶解释放。②气虚胃寒，食少泄泻者不宜饮用。

2. 名称：葛根川七茶

材料：葛根 15 克，独活 10 克，白芍 10 克，川七 20 克。

制作方法：①将葛根、独活、白芍、川七用水过滤，放入保温杯中，用热开水冲泡。②泡置 15 分钟后，即可饮用。

保健功效：镇静，消除疼痛，改善肌肉酸痛、头痛等症状。

健康提示：气虚胃寒，食少泄泻者不宜饮用。

3. 名称：葛根钩藤茶

材料：生葛根 15~18 克，钩藤 6~9 克。

制作方法：①将葛根、钩藤研成粗末。②每取 20~30 克放入纱布包。③将纱布包放在保温瓶中，冲入沸水适量，盖闷 10~20 分钟后即可饮用。

保健功效：升清生津，平肝息风，适用于高血压伴有兴奋、烦躁、头痛、口渴、肩背拘急者。

健康提示：早晚分服；阳虚中寒者慎用。

正因葛根对女人来说有诸多保健功效，近些年来一直被人们尊为"女性保护神"，几乎成了女性朋友一生都离不开的好茶材。所以，无论是工作之余，还是生活之中，你都可以饮上一杯适合自己的葛根茶饮。

桃花茶：行气活血

"暖暖的春风迎面吹，桃花朵朵开，枝头鸟儿成双对，情人心花儿开……"春天来临,粉红的桃花热热闹闹地开遍大江南北。春天是恋爱的时节,俗话说"人面桃花别样红",女性朋友们本该多走桃花运。但如果整天顶着一张灰暗粗糙满是色斑的脸,看上去总是黄恹恹的,没有好气色,也没有好精神,本来要撞到你身上的桃花运看来也会绕道而行了。

桃花,即蔷薇科植物桃树盛开的花朵,原产于中国中部、北部,现已在世界温带国家及地区广泛种植。桃花味甘、辛,性微温,入肝经,具有很好的养血调经、美容养颜、减肥瘦身的作用。《千金方》记载:"桃花三株,空腹饮用,细腰身。"《名医别录》也说:"桃花味苦、性平,主除水汽,利大小便,下三虫。"这都说明了桃花具有消食顺气,治疗闭经的功效。桃花中含有多种维生素和微量元素,这些物质能疏通经络,扩张末梢毛细血管,改善血液循环,促进皮肤营养和氧供给,滋润皮肤,防止色素在皮肤内慢性沉淀,有效地清除体表中有碍美容的黄褐斑、雀斑、黑斑等。对女人来说,桃花的滋养可以说是由内至外,由里及表,因此在保健功效上也深得广大女性朋友的青睐。

用桃花一个比较好的方法就是泡成桃花茶。可以用中药店里加工好的桃花瓣,也可以用自己动手采来的新鲜桃花。这种茶活血效果奇佳。如果脸上已经有一些黄褐斑和色斑,就每天一杯,坚持喝两周左右,你会发现,脸色开始变得红润,皮肤则变得光滑有弹性,那些恼人的色斑也会逐渐消退。为此,我们接下来就详细为您介绍一些桃花茶的制作方法及其功效:

1. 名称:桃花茶

材料:桃花5~8朵。

制作方法:①将桃花放置于茶杯之中,先用少许开水冲泡润湿。②加盖闷5分钟后,即可饮用。

保健功效:调节经血、减肥瘦身、活血化瘀。

健康提示:孕妇和月经过多者忌用。

当然,如同别的茶材一样,桃花也可以与其他材料搭配,调制出味道鲜美、营养丰富的茶饮。

2. 名称：桃花祛斑茶

材料：干桃花 4 克，冬瓜仁 5 克，白杨树皮 3 克。

制作方法：①将干桃花、冬瓜仁、白杨树皮放到茶杯中，用沸水冲泡。②泡置 10 分钟后，即可饮用。可反复冲饮直至味道淡却。

保健功效：美白养颜，可祛除面部黑斑、妊娠色素斑、老年黑斑等。

健康提示：因为桃花具有活血作用，故孕妇和月经过多者不宜饮用。

3. 名称：桃花蜜茶

材料：桃花 3～5 克，蜂蜜适量。

制作方法：①杯中放入桃花，用沸水冲泡。②泡置约 5 分钟后，加入适量蜂蜜即可饮用。每次冲饮完可以续水，直到桃花味淡为止。

保健功效：这款茶的功效是排毒通肠、顺气消食，同时可以滋润肌肤，令面色红润。

健康提示：①桃花具有泻下的作用，故腹泻之人不宜饮用。②桃花茶每次少量饮用才具有美容效果，喝得太多反而会损耗元气和阴血，导致月经周期和内分泌紊乱。

4. 名称：桃花百合柠檬茶

材料：桃花 3 克，百合花 3～5 朵，柠檬 1～2 片。

制作方法：①把百合花、桃花、柠檬一同放入杯中，用沸水冲泡。②泡置 5～10 分钟后即可饮用。可反复冲泡直至茶味淡却。

保健功效：桃花活血养颜、化瘀止痛；百合花镇静安神、润肺止咳；柠檬富含维生素 C 和矿物质。这款茶既能滋润肌肤，还能润肺消炎，帮助缓解肺部不适。

健康提示：桃花活血，月经量过多及孕妇不宜喝这道茶。

5. 名称：桃花枸杞茶

材料：桃花 1～3 克，枸杞 4～6 粒。

制作方法：①把桃花和枸杞一同放入杯中，沸水冲泡。②泡置 5 分钟左右即可饮用。

保健功效：中国古代最早的药学专著《神农本草经》中就曾提到桃花能够"令人好颜色"。这道茶饮最主要的功效就是美颜，长期饮用能有效祛除黄褐斑、黑斑，改善面色灰暗等面部色素性症状，对防止皮肤干燥、粗糙，抑制皱纹有特殊疗效，并且能增强皮肤的抗病能力。

健康提示：桃花还可煎水洗脸，长期坚持能使面色红润、肌肤细腻。

就像人们喜欢用"人面桃花"这个词来赞美女子如桃花般娇美的姿容，在喝了桃花茶之后，女性朋友们大多可以是"人面桃花相映红"，健康运连连，美丽想躲都躲不掉了。

益母草茶：活血利尿

提到"益母草"，很多女性应该都不陌生。无论是市面上专为女士设计的蜂蜜，还是广告里大力宣传的女性保健品，往往都少不了它的"身影"。

益母草，别名茺蔚、坤草、红花艾等，味苦、辛、性微寒，是一种草本植物。春日抽茎，方形，每节对生，长柄叶，轮生淡紫色小形花，一花生四子。关于它，民间还有一个非常感人的传说：古代有一小孩，名叫茺蔚，母亲生他时得了产后病，多年不愈，非常痛苦。茺蔚心痛母亲，便历尽艰辛，四处为母亲求医找药。一日，茺蔚借宿古庙，庙祝被他的孝心感动，赠与他四句诗："草茎方方似麻黄，花生节间节生花，三棱黑子叶似艾，能医母疾效可夸"。茺蔚按庙祝指引，找到了诗中所说的植物，母亲服后很快痊愈，于是人们将此植物取名益母草，将其种子叫茺蔚。

《本草纲目》中也曾载道："此草及子皆茺盛密蔚，故名茺蔚，其功宜于妇人及明目益精，故有益母草之称。"千百年来，益母草就像是为女人而生的草，与女人的身体关系密切。它含有益母草碱、水苏碱、益母草定、益母草宁等多种生物碱及苯甲酸、氯化钾等，其作用类似妇科常用的西药——麦角，具有行血去瘀、活血调经之功效，能够促进子宫收缩恢复活力等,治疗妇女产后出血,是妇女产后调理、治疗月经不调之良药。不仅如此,益母草还含有多种微量元素,具有抗氧化、抗疲劳、增强免疫细胞活力的功效,而且可以预防心脏病。

正是由于上述如此多的保健祛病之功效,医学界将益母草尊为"妇科圣药"。同时,益母草也成了女性健康茶饮中不可或缺的茶材之一。除了单独泡饮益母草外,把益母草科学地与其他茶材相配伍,不仅可以充分发挥益母草活血利尿等主要功效,而且还可以有针对性地解决不同的妇科病症,堪称是女人一生的良伴益友了。

接下来,我们就为广大女性朋友们推荐几款常见的益母草保健茶饮。

1. **名称**:益母草茶

　　材料:干益母草80～100克,或鲜益母草160～200克。

　　制作方法:①将干益母草或鲜益母草洗净,放入保温杯中。②倒入沸水,冲泡15分钟后即可饮用。每剂可分2～3次饮服,一日1剂。

　　保健功效:活血利尿,也适用于治疗急性肾小球肾炎、眼睑水肿、神疲乏力、腰酸痛等。

　　健康提示:阴虚血少或妇女经期忌用此茶。

2. **名称**:益母草鸡冠花茶

　　材料:益母草20克,红鸡冠花15克,白鸡冠花15克,红糖适量。

　　制作方法:①将益母草、红鸡冠花、白鸡冠花洗净,加水煎煮。②待汁变浓后,停火,取汁,加糖调服,代茶饮。

　　保健功效:清热利湿、凉血止血、收敛涩肠,适用于治疗月经不调等症。

　　健康提示:阴虚血少者忌服此茶。

3. **名称**:益母草绿茶

　　材料:干益母草20克,绿茶2克。

　　制作方法:①将干益母草与绿茶放入杯中,加入沸水。②加盖焖泡5分钟后,即可饮用。可多次冲饮,直至味道淡却。

保健功效：活血行血，还可辅助治疗原发性高血压、痛经等。

健康提示：孕妇忌服此茶。

4. 益母红糖甘草茶

材料：益母草 200 克（鲜品 400 克），绿茶 2 克，甘草 3 克，红糖 25 克。

制作方法：①将益母草、绿茶、甘草放入锅中，加水 600 毫升，煮沸。②5 分钟取汁，即可。一次分 3 次温饮，每日 1 剂。

保健功效：补血益气，活血调经，适用于痛经、盆腔炎等妇科疾病。

健康提示：孕妇忌服此茶。

另外，还需要注意的是，由于益母草活血功能很强，孕妇不宜饮用。同时，益母草可能引起身体一些过敏反应，如胸闷心慌、呼吸急促、皮肤红痒等，所以过敏体质的女性不宜饮用。

芍药花茶：养血滋阴

古人评花，牡丹第一，芍药第二，谓牡丹为花王，芍药为花相。北宋时，芍药备受珍爱，孔武仲的《芍药谱序》记载说"扬州芍药，名于天下，与洛阳牡丹，俱贵于时。"

芍药花，别名将离、离草、婪尾春、余容、犁食、没骨花、黑牵夷、红药，是中国栽培历史最悠久的传统名花之一。宋郑樵《通志略》记载："芍药著于三代之际，风雅所流咏也。"据载："芍药犹绰约也，美好貌。此草花容绰约，故以为名。"芍药也因其花大色艳，妩媚多姿，故又称为"娇客""余容"；古人以芍药赠送别离之人，以示惜别之情，故亦名"将离""司离"；芍药花开于春末，故为春天最后一杯美酒，且又称"婪尾春"；因是草本花卉没有坚硬的茎秆，故还称"没骨花"等。

芍药与牡丹花期不同，每年 4～5 月开花，色泽鲜妍绚丽多彩。但因为与牡丹比开花较迟，芍药又被称为"殿春"。有谚曰："谷雨三朝看牡丹，立夏三朝看芍药。"芍药是春天百花园中压台好花，每当春末夏初，红英将尽，芍药正含苞待放。对此，苏轼也有诗云："多谢花工怜寂寞，尚留芍药殿春风。"

芍药品种繁多，宋《芍药谱》载31种，明《群芳谱》载39种，《花镜》载88种，至清时扬州芍药达百余种。其性味苦酸、凉，具有补血敛阴、柔肝止痛、养阴平肝的功效，可用于泻痢腹痛、自汗、盗汗、湿疮发热、月经不调等症。在中医里，芍药被称为女科之花，而且芍药根也是著名的中药材。其根的主要化学成分是芍药甙，此外还含有牡丹酚、安息香酸、挥发油、树脂、鞣质、糖类、淀粉、三萜类成分等。芍药甙对中枢神经有抑制作用，并有较好的解痉、镇痛、镇静、解热、抗惊厥、抗炎、抗溃疡、扩张冠状动脉及后肢血管、降血压等药理作用。同时，芍药花可使容颜红润，改善面部黄褐斑和皮肤粗糙，经常使用可使气血充沛，精神饱满。此外，芍药花也可食用，熬粥、做汤、泡茶均可，色香味俱佳。

芍药花具有这么多的作用，下面我们就为广大女性朋友介绍几种芍药花茶饮。

1. 名称：芍药花茶

材料：芍药花1~2朵。

制作方法：①芍药花冲洗干净，放入茶杯中，用沸水浸泡。②加盖闷5分钟后，即可饮用。

保健功效：此茶具有清淡芳香、养血柔肝、敛阴收汗的功效，可改善面色及肤质。

健康提示：血虚者慎服此茶。

2. 名称：芍药蜂蜜茶

材料：干芍药花瓣1匙，蜂蜜适量。

制作方法：①将干芍药花瓣用水洗净，放入杯中，倒入沸水冲泡。②加盖闷10分钟后，加入蜂蜜，即可饮用。

保健功效：此茶养血柔肝、祛斑养颜，是女性日常滋阴养血的健康茶饮之一。

健康提示：妇女产后忌服此茶。

3. 芍药桂草茶

材料：炒白芍60克，桂枝20克，甘草20克。

制作方法：①将炒白芍、桂枝、甘草放入研钵中，研为细末。②每次用30克置保温瓶中，冲入沸水适量。③闷泡15分钟后，代茶饮用。每日1剂。

保健功效：此茶具有和营止痛之功效，主治产后失血过多、小腹隐痛、喜按、恶露量少、色淡，伴见头昏心悸、舌质淡红、苔薄、脉虚而细。

健康提示：腹痛拒按，恶露色紫夹有瘀块，或恶露量多，舌质红，口渴者忌用此茶。

4. 名称：柴胡芍药饮

材料：白芍20克，柴胡20克，甘草10克，青皮10克，枳实、香附子15克，川芎15克，白糖30克。

制作方法：①将柴胡、白芍、枳实、甘草、香附子、川芎洗净切片，青皮同放瓦锅内，加水适量。②置武火上烧沸，再用文火煎煮25分钟。③停火，过滤，去渣留汁液，加白糖搅匀即成。每日3次，每次150毫升。

保健功效：此茶具有活血化瘀、祛湿除痰之功效，对肿瘤患者尤佳。

健康提示：孕妇忌服此茶。

5. 名称：赤芍牡丹饮

材料：赤芍15克，牡丹皮15克，桂枝15克，茯苓15克，桃仁15克，白糖30克。

制作方法：①将赤芍、牡丹皮、桂枝、茯苓、桃仁洗干净，其中桃仁要去皮尖，放瓦锅内，加水适量。②大火煮沸，再用文火煎煮25分钟。③停火，滤渣，在汁液内放入白糖搅匀即成。每日3次，每次150克。

保健功效：此茶具有祛瘀血、止白带、消癥肿之功效，对子宫癌初期患者有较好疗效。

健康提示：不宜与藜芦同用。

6. 名称：芍药甘草茶

材料：芍药18克，甘草（炙）9克。

制作方法：①将芍药与甘草研成粗末，置保温瓶中，以沸水适量冲泡。②用盖子闷泡15分钟后，去渣饮用。1日内服完，每日1剂。

保健功效：此茶具有缓急止痛之功效，尤适于阴阳气血不和或肝木乘脾所致的痛症，如胃神经痛、胃炎及消化性溃疡疼痛等。

健康提示：胃肠有实热、积滞者忌用此茶。

百合花茶：宁心润肺

提到百合花，大家应该都非常熟悉了。由于它是由近百块鳞片抱合而成，古人视为"百年好合""百事合意"的吉兆。延至今天，人们还常常以它来寓意美满爱情、美好家庭、伟大之爱、深深祝福等。

其实，从古到今，百合花都是中国人，乃至全世界人所喜爱的名花。它原来出生于神州大地，由野生变成人工栽培已有悠久历史。关于百合花的来历，希腊古神话中还有一个美丽的传说：大力神海格立斯是神主宙斯的儿子，曾创立过12项英雄业绩。他听说喝了女神朱诺的乳汁，就能够长生不死，于是便向宙斯表明要想得到朱诺乳汁的想法。要知道，即便身处神界，这也不是一件容易的事情。但为了让海格立斯实现愿望、让他变得更加强大，宙斯用了一番心思，决定召请诸神欢饮。席中，宙斯有意为朱诺安排了大量的奈克塔（神饮的酒），朱诺果然喝得酩酊大醉。宙斯便叫儿子海格立斯扑到朱诺身上吸吮乳汁，海格立斯越吃越有劲，满嘴乳汁来不及咽下去，流到地上，凡有乳汁的地方，便立即长出雪白芳香的花来，人们都叫它"百合花"。

百合花由于姿态优美、鲜艳秀丽，并拥有超凡脱俗、矜持含蓄的气质,始终具有极高的观赏价值,更享有"云裳仙子"之美誉。南北朝时期的梁宣帝曾以诗赞道:"接叶多重,花无异色,含露低垂,从风偃柳"。大诗人陆游也利用窗前的土丘种上百合花,并咏曰:"芳兰移取遍中林,余地何妨种玉簪,更乞两丛香百合,老翁七十尚童心。"时至近代,喜爱欣赏百合花者同样大有人在。还有诗人苏辙,亦曾有诗道:"山丹得春雨,艳色照庭除。本品何曾数,群芳自不如。"

除了观赏价值,百合花在养生治病方面的功效更是值得称道。它是上等滋补品,亦可食亦可药,营养价值和药用价值都很高。古往今来,医生常喜欢用百合花来入药治病,普通百姓则喜欢用它来制作各种美味佳肴。在唐朝,山西、江苏、陕西等地用百合花做成的小吃非常有名,当地权贵甚至还将这些小吃作为高级礼品进献给朝廷。"百合花开喇叭形,结成果实白莹莹,瓣瓣包成莲花身,滋补身体营养品。"这就是古人对百合花入食的赞誉。关于它的药用价值,中医明确指出:百合花,别名山百合、药百合、家百合、喇叭筒,味甘微苦,性平,入归肺、心经,具有安神调气、润肺清心、解郁开胃之功效。现代研究还发现:百合花富含黏液质及维生素,对皮肤细胞新陈代谢有益;其中的秋水仙碱等多种生物碱,对化疗及放射性治疗后细胞减少症有治疗作用;它在体内还能促进和增强单核细胞系统的吞噬功能,提高机体的体液免疫能力。因此,百合可谓是女性宁心润肺、美容养颜、防病祛病的难得之选。

关于具体食用方法,百合可以做成药、粥、汤或茶等多种形式。这里,我们主要针对女性朋友的特点及需求,为大家推荐几款以百合花为主要茶材的养生保健茶。

1. 名称:百合花茶

材料:百合花15克。

制作方法:①百合花洗净,放入瓷杯中。②用沸水冲泡,代茶饮。

保健功效:清心安神,尤适用于眩晕之症。

健康提示:风寒咳嗽、脾胃虚寒以及大便稀溏者不宜多食。

2. 名称:百合金银花茶

材料:百合花、金银花各3克,冰糖适量。

制作方法：①将准备好的百合花、金银花放入杯中。②将沸水倾入装有原料的杯子。③10分钟之后即可加入冰糖食用。

保健功效：百合金银花茶能够清凉润肺，安心去火，尤其适于夏日解暑等。

健康提示：①注意百合花与金银花之间的配伍比例。②糖尿病患者不宜食用冰糖，可以根据医嘱以其他东西替代。

3. 名称：百合菊花茶

材料：百合花4朵，杭白菊5朵，蜂蜜适量。

制作方法：①将准备好的百合花、杭白菊洗净之后放入茶壶中。②向装有原料的茶壶中倾入500毫升的沸水。③加盖闷制5分钟之后，即可加入蜂蜜开始饮用。

保健功效：百合菊花茶拥有滋阴补肺、补气益中、清心安神的效用。因此，饮用百合菊花茶可以帮助深受失眠、高血压、高血脂困扰的人们摆脱这些症状的纠缠。

健康提示：①注意百合花与杭白菊之间的配伍比例。②患有糖尿病的人士不要盲目食用蜂蜜，可以以甜菊叶之类糖分含量较少的东西代替。

茉莉花茶：理气开郁

"好一朵茉莉花，满园花开香也香不过它。"一首《茉莉花》婉转动人，是世界上传唱最广泛的中国民歌，它赢得了来自五湖四海的肯定和认可。歌中极尽感情地去歌唱了茉莉花的香气和美丽，犹如女子般令人心醉神迷。正因为茉莉花洁白、清香、美丽，所以被无数古人吟咏赞叹。"冰雪为容玉作胎，柔情合傍琐窗开。香从清梦回时觉，花向美人头上开。"清代王士禄的这首名为《茉莉花》诗歌，花似美人，美人似花，真的是相看无相厌，仿似梦中人。

茉莉花外表美，茉莉花茶可以称得上是"心灵美"了。茉莉香片冲泡后，香气鲜灵持久，汤色黄绿明亮，滋味醇厚鲜爽。作为茶中之上品，茉莉花似乎与女人总有着不解之缘。

中医指出，茉莉花性温，味辛，无毒，女性常饮有理气止痛、辟秽开郁、温中和胃、清肝明目、生津止渴等功效。现代医学研究也发现，女性常饮茉莉花茶，或将茉莉花与其他茶叶相配合饮用，可强化免疫系统、安定情绪、舒解郁闷、改善昏睡和焦虑现象等，从而成为女性调身体、疗情志、抗衰老、养容颜的好茶选择。

茉莉花茶

正因为茉莉花茶的神奇功效，所以我们下面就为大家介绍一些关于如何泡制茉莉花茶的内容，以期让广大女性朋友能够从中受益。

1. 名称：茉莉花茶

材料：茉莉花3~5朵。

制作方法：①将茉莉花置于茶杯中，加入沸水冲泡。②2~3分钟后即可饮用。

保健功效：清热解毒、辟秽、和中，还适于治疗湿浊内阻、胸部不舒、泻痢腹痛、头晕头痛、目赤、疮毒等病症。

健康提示：火热内盛，燥结便秘者慎饮。

2. 名称：茉莉花欧薄荷茶

材料：茉莉花2/3匙，欧薄荷1/3匙。

制作方法：①将茉莉花置于茶壶中，加入欧薄荷。②用80~90摄氏度的水进行冲泡。③5分钟后可以饮用。

保健功效：消炎抗菌，清肝明目，提神醒脑，延缓衰老。

健康提示：易上火者和孕妇不适合饮用茉莉花茶。

3. 名称：玫瑰茉莉花茶

材料：茉莉花8克，玫瑰花5克，红茶3克。

制作方法：①将上述茶叶放入茶壶中，加入沸水冲泡。②5分钟后可以饮用。

保健功效：味道清香，可以排毒美容，清新口气，健脾生津。

健康提示：两种花茶气味都非常芬芳，对气味敏感的人要慎重饮用此茶。

4. 名称：枸杞茉莉花茶

材料：枸杞适量，茉莉花茶8克，红枣一颗。

制作方法：①枸杞洗净，大枣洗净去核，切成小块。②将枸杞、红枣和茉莉花茶放入茶壶中，加沸水。③静置5分钟左右可以饮用。

保健功效：枸杞明目护肝，含有丰富的维生素，大枣补血。枸杞茉莉花茶可以护肝补血，有利于人体健康。

健康提示：枸杞和茉莉花茶搭配，饮用过多容易上火。

5. 名称：茉莉龙眼蜜茶

材料：干茉莉花2克，柳丁汁15毫升，龙眼蜜30克，柑橘酒15毫升。

制作方法：①茉莉花放入茶壶内，冲入沸水。②闷4分钟后，加入柳丁汁、龙眼蜜、柑橘酒，充分搅动均匀即成。

保健功效：理气解郁，还适用于治疗腹痛、慢性胃炎。

健康提示：怀孕期间的妇女不宜服用此茶。

6. 名称：茉莉丁香茶

材料：干茉莉花2克，丁香5粒，柠檬汁10毫升，龙眼蜜30克，柠檬皮适量。

制作方法：茉莉花、丁香放入茶壶内，冲入沸水；闷4分钟，加入柠檬汁、龙眼蜜，充分搅拌至均匀；柠檬皮切成丝加入茶壶即成。

保健功效：理气和胃，解郁，是治疗腹痛与慢性胃炎的好帮手。

健康提示：孕妇、热性病及阴虚内热者忌饮此茶。

7. 名称：茉莉薰衣草茶

材料：干茉莉花5克，薰衣草5克，蜂蜜适量。

制作方法：①首先将干茉莉花、薰衣草一同放入干净的茶杯中。②将500毫升的沸水倒入杯中，加盖闷泡5分钟。③待泡至花茶散发出诱人的芳香时，滤出茉莉花和薰衣草的渣，留取茶汤，然后将适量蜂蜜加入茶汤中，搅拌均匀即可饮用。

保健功效：理气开郁，通便利水，排除毒素，而且还具有不错的纤体效果。

健康提示：①茉莉花辛香偏温，火热内盛者慎服。②薰衣草有一定的通经作用，孕妇慎服。③低血压患者也不宜过多服用此茶。

8. 名称：茉莉菖蒲青茶

材料：茉莉花8克，石菖蒲6克，青茶10克，白糖适量。

制作方法：茉莉花、石菖蒲、青茶用温开水洗净后烘干；混合加工研成细末，加水煎汁，加白糖即成。代茶饮。

保健功效：理气化湿，开窍安神，还适用于治疗慢性胃炎、脘腹胀痛、心悸健忘、失眠多梦等症。

健康提示：孕妇、肺虚或者肾虚喘息者忌用此茶。

第三章

老年人的健康茶饮

人们常用早上八九点钟的太阳来形容朝气蓬勃的青年，而用日薄西山来描述垂垂老矣的老人。衰老是不可避免的自然规律。我们任何人也不能躲过岁月的雕刻刀。当老年向我们姗姗走来时，我们心中会生出一种莫名的恐惧。因为我们的身体会变得衰弱，动作会变得僵硬，皮肤会变得松弛，各种疾病会成为拜访我们的常客。如何才能提升自身的阳气，减少衰老带来的病痛呢？这时，老年朋友们可以根据身体情况选择一些适宜自己饮用的茶饮。

生姜茶：活血暖身

生姜是日常生活中最常用的调味品之一。无论是做菜，还是调馅儿，我们总是会选择切上一些姜丝或姜末。有了姜丝或姜末的加盟，做好的饭菜中便少了几分膻味，多了几分鲜味。不过，调味品并非是生姜唯一的身份。它还拥有许多众所周知的药用价值。

从古至今，生姜收获了无数的赞誉。比如这些耳熟能详的谚语，"早上三片姜，赛过喝参汤""每天三片姜，不劳医生开处方"；又如著名的教育家孔子就提倡"每食不撤姜。"宋代大诗人苏东坡更是举出了一位因为长期服食生姜而享有高寿的僧人的例子。

生姜真的有如此神奇吗？严格地说，一点也不夸张。我国传统医学运用生姜入药的时间已有千年之久。早在汉代，关于生姜入药的情况就已经有了详细的记录。《名医别录》指出：生姜"味辛，微温。主治伤寒头痛、鼻塞、咳逆上气，止呕吐。又，生姜，微温，辛，归五藏。去淡，下气，止呕吐，除风邪寒热。久服小志少智，伤心气。"《本草图经》也指出："以生姜切细，和好茶一、两碗，任意呷之，治痢大妙！热痢留姜皮，冷痢去皮。"

其实，生姜是一味性温味辛的中药，能够深入脾经、胃经和肺经，具有开胃止咳、发汗散热、化痰止咳的功效。而肠胃功能不佳、伤风感冒等正是老年人目前迫切需要面对的巨大难题。若能根据自己身体的情况饮用生姜茶，老年人遇到的这个难题就可以得到很好的解决。

据传统中医理论认为，清晨是人体阳气生发之时。而生姜是助阳之物，自古以来中医便有"男子不可百日无姜"的说法。如果能在每天早上饮用一杯生姜茶，就可以帮助老年人提高自身的免疫力，使他们远离感冒、腹泻、肠炎的烦恼。

现在生活水平提高了，每到夏天的时候，人们总喜欢通过长时间地开空调来缓解炎炎夏日给自己带来的酷热。然而，需要注意的一点是，并非空调开得时间越长，我们就会感觉到越凉爽。相反的，稍不留心我们还会患上"空调病"。开始之时，年轻人是患上"空调病"的主力军，而现在越来越多的老年人也加入了患此病的队伍。

患上"空调病"的老人因为身体的抵抗力与免疫力等大不如前，所以会出现更加严重的情况。腹痛、吐泻、伤风感冒、腰肩疼痛是老年人患上"空调病"之后最典型的表现。中医认为，生姜具有发汗解表、温胃止呕、解毒三大功效。常常待在空调屋中的老人只要经常喝点姜汤或是生姜茶，就可以有效地防治"空调病"。

生姜虽然看起来非常不起眼，却是妙处多多。一杯小小的生姜茶可以帮助老年人解决很多困难。难怪许多老年人都亲切地称它为"还魂草"呢！

生姜茶的种类众多,以下便是最常见的几种。

1. 名称:姜茶饮

材料:鲜姜 40 克,红茶 30 克。

制作方法:①将准备好的红茶放入锅中,加入适量清水,用文火(即小火)煎煮半小时。②将煮好的茶汤进行过滤,放好备用。③向锅中再次加入适量清水,用文火煎煮半小时。④将第二次煮好的茶汤进行过滤,并将过滤好的两次茶汁倒入事先准备好的茶杯中。⑤将准备好的鲜姜捣碎,并装入事先准备好的纱布包中。⑥将从鲜姜中绞出的汁液加入茶汁中。⑦按照自己的口味加入适量的白糖,搅拌均匀之后即可饮用。

保健功效:姜茶饮具有养胃暖身、活血解毒的功效。饮用姜茶饮可以帮助老年人治疗肠炎、腹泻及细菌性疾病等病症。

健康提示:①注意鲜姜与红茶之间的配伍比例。②一定要掌握鲜姜的用量,不宜过多,以免对老年人的肠胃造成过度的刺激。

2. 名称:生姜感冒茶

材料:生姜 25 克,红糖少量。

制作方法:①将准备好的生姜切成碎末。②将姜末与事先准备好的红糖放入茶杯中。③向装有原料的茶杯中倾入适量的沸水。④加盖稍稍静置片刻之后,即可饮用。

保健功效:生姜感冒茶具有发汗解表、暖胃养身的功效。饮用生姜感冒茶可以帮助饮用者尤其是上了年纪的老年人用温和的方式来治疗外感风寒、鼻子不通、流清鼻涕或是肚子痛、头痛发烧等症状。

健康提示:①生姜感冒茶不宜一次饮用数量过多。②一定要注意生姜的新鲜度。③生姜感冒茶不宜晚上饮用。④如果有喉痛、喉干、大便干燥等阴虚火旺症状,就不适宜饮用此茶。

3. 名称:生姜紫苏饮

材料:生姜 15 克,紫苏子 10 克,红糖 20 克。

制作方法:①将准备好的生姜、紫苏子放入砂锅中。②向装有原料的砂锅中加入500毫升清水,并开始加热。③加热至沸腾之后,放入红糖,搅拌均匀之后即可饮用。

保健功效:生姜紫苏饮具有平喘润肠、止咳化痰的功效,是老年人保健养生的好帮手。饮用生姜紫苏饮可以帮助饮用者远离外感风寒与风热带来的烦恼。

健康提示:①注意生姜与紫苏之间的配伍比例。②注意生姜的新鲜度。③患有便秘、目赤内热、痈肿疮疖症候的患者不宜饮用此茶。

菖蒲茶:益智延年

人们常说"人老心先老"。在现实生活中,很多人一迈进老年的门槛就会有一种感觉,那就是自己不可避免地衰老了,再也找不回当初意气风发的感觉了。不仅腿脚变得不灵便,而且原本跳动有力从不生病的心脏有时也要罢工了。不少老年朋友会时常感到胸闷气短、心神不宁,甚至会忘记自己刚刚才说过的话。这到底是怎么回事呢?

原来这都是因为心脏出了毛病。在传统中医理论中,心脏在五行中对应的是火。心主血脉,是我们身体的君主之宫。当出现"心火上窜"的情况时,我们就需要采用"舒"和"养"的方法来养心安神、清心除烦。唯有如此,我们才能获得好精神。同时,心还控制着人体的神智。所以养心安神、益智延年的工作对于老年人来说尤为重要。

如何才能又方便又快捷地达到这一目标呢?答案是饮用菖蒲茶。

菖蒲,又名臭菖蒲、水菖蒲、泥菖蒲、大叶菖蒲、白菖蒲,是一种天南星科的多年水生草本植物。它喜欢生活在池塘、湖泊岸边的浅水区、沼泽地中,在我国南北各地均有广泛分布。最适宜菖蒲生长的温度是20~25℃。它在冬天会像莲花一样以地下茎的方式潜入泥中度过寒冷的冬天。

同时,菖蒲还是一种毒性很大的植物。据中国植物图谱数据库的记载,菖蒲是全株有毒的植物,它的茎和根均为毒性较大的部分。然而就是这样全株有毒的植物却是一味不可多得的中药。

菖蒲可以入药的部分是它的根和茎。据《神农本草经》记载，菖蒲"久服轻身，不忘，不迷惑，延年，益心智，高志不老"。中医认为菖蒲是一味性温味辛的中药，能够入心经、脾经和肝经，具有醒神益智、化湿开胃、开窍祛痰、延年益寿的功效。所以说饮用菖蒲茶是老年人养心安神、益智延年的最佳选择。

迈过了老年的门槛，很多人会患上冠心病、心绞痛、健忘症，甚至是老年痴呆症。饮用菖蒲茶则可以帮助老年人摆脱癫痫痰厥、热病神昏、失眠健忘、气闭耳聋、心胸烦闷的烦恼，还可以帮助他们疏通血脉、治疗顽固的关节炎。

伟大的教育家孔子曾在63岁的时候这样形容自己——"发愤忘食，乐以忘忧，不知老之将至"。当一个人专心工作，心怀愉悦的时候，他就会忘记自己会衰老这件事情。虽然如此，衰老还是会来临。当然老年朋友也不必因此而自卑，只要根据自己的身体情况选择合适的茶饮，再加上合适的锻炼等，老年人也可以顺利地做好益智延年的工作。

以下便是几种简单的冲制菖蒲茶的配方，请老年朋友们根据自己的情况选择。

1. 名称：菖蒲梅枣茶

材料：九节菖蒲1.5克，酸梅肉、大枣肉各2枚。

制作方法：①将准备好的菖蒲切成片，放入茶杯中。②将准备好的大枣、酸梅、红糖一起放入锅中煮沸。③将煮好的汤汁连汤带肉一起倾入茶杯。④稍稍静置片刻之后，即可饮用。

保健功效：菖蒲茶具有静心安神、芳香辟浊的功效。饮用菖蒲茶可以帮助饮用者尤其是老年人治疗心虚胆怯、失眠健忘或是由突然受到惊吓之后导致的惊恐心悸等病症。

健康提示：①注意菖蒲、酸梅、大枣之间的配伍比例。②酸梅的用量不宜过多，以免对老年人的胃产生过度的刺激。③烦躁汗多、咳嗽吐血的阴虚阳亢者不宜饮用此茶。

2. 名称：菖蒲茉莉茶

材料：石菖蒲、茉莉花各6克，乌龙茶10克。

制作方法：①将准备好的石菖蒲、茉莉花及乌龙茶放入茶杯中。②向装有原料的茶杯中倾入沸水。③加盖静置 10 分钟之后即可开盖饮用。

保健功效：菖蒲茉莉茶具有理气化湿的功效。饮用菖蒲茉莉花可以帮助老年人远离不思饮食、心烦气躁的症状。

健康提示：①注意石菖蒲、茉莉花与乌龙茶之间的配伍比例。②此茶在一年四季皆可饮用。③烦躁汗多、咳嗽吐血的阴虚阳亢者不宜饮用此茶。

西洋参茶：养阴调肺

西洋参，顾名思义，就是从国外经过了无数风浪之后运抵本国的人参。这种人参同我国原产的人参有很大的不同。身为东北三宝之一的人参自幼生长于深山老林之中，是一种性温滋补性极强的植物。若是不小心服用过量就会出现流鼻血的症状。而西洋参的滋补特性比较平和，没有太多的禁忌。所以，很多不适宜服用人参的人士都改用西洋参来进行身体上的调理。西洋参真有如此神奇吗？下面就让我们一起走进西洋参的世界吧。

西洋参，又名花旗参、广东人参、美国人参，原产于美国北部与加拿大南部一带，有活化石之称。它于清朝康熙年间传入我国。当西洋参传入之后，清代太医院的太医们对西洋参进行了集体鉴别研究，并按照中医理论研究了它的性味、归经、功能与主治病症。与此同时，清代的著名医者汪昂特地在《本草备要》上将西洋参作为增补的第一味药。

由此可知，西洋参在传入之初便进入了我国传统医学界的视野，并迅速成为医书中药物的一员。

中医理论认为，西洋参是一种性凉、味苦甘的中药，能够归入肾经、肺经与心经，具有养阴调肺、清退虚火、生津止渴的功效。饮用西洋参茶可以帮助饮用者治疗肺虚久咳、虚热烦倦、气虚阴亏、咽干口渴等症。

进入老年之后，人们的身体状况通常会发生很大的变化。不少老年人都会出现气血两虚的状况。这种状况将在夏日来临之际变得更加明显。

在高温的炙烤下,气血两虚的老年人可能会出现由肺虚引起的久咳不止、精力不济、口干舌燥、厌食等症状。而此时饮用一杯西洋参茶是一个不错的选择。因为西洋参兼具性凉和善滋补两种特性,最适于身体虚弱又容易上火的人士饮用。炎炎夏日会使老年人的气血受到很大程度上的损耗,所以,简单的一杯西洋参茶将会为老年人提供一个遮风挡雨的避风港。

西洋参茶的种类很多,以下便是几种常见的茶饮。

1. 名称：西洋参茶

材料：西洋参切片 3~6 克。

制作方法：①将准备好的西洋参切片放入保温杯中。②向装有参片的保温杯倾入沸水。③加盖闷制 15 分钟之后即可开盖饮用。

保健功效：西洋参茶具有益气滋阴、生津止渴的功效。时常饮用西洋参茶,饮茶者尤其是老年饮茶者便可以远离体虚、精力不济或是夜间口干舌燥的困扰。另外,西洋参茶还有帮助饮用者抗击癌症侵袭的功效。

健康提示：①脾胃有寒湿阻滞者不宜饮用此茶。②冲泡西洋参茶时不宜使用铁器。③喝西洋参茶的同时不宜同时饮用传统茶饮或是吃萝卜。④慢性乙肝患者不宜饮用此茶。

2. 名称：西洋参枸杞花茶

材料：西洋参 1 片,枸杞子 5 颗,贡菊两朵,金银花 8 朵,红枣 1 颗,胖大海 1 颗,莲子芯 8 粒,陈皮 2 片,冰糖适量。

制作方法：①将准备好的各种原料放入茶杯中。②向装有原料的茶杯中倾入沸水。③加盖静置片刻之后即可饮用。

保健功效：西洋参枸杞花茶具有生津润肺、稳定血压的效果。饮用西洋参枸杞花茶可以帮助老年人摆脱夜间口干舌燥及高血压的困扰。

健康提示：①注意冲制此茶各原料之间的配伍比例。②不宜使用铁器来冲泡西洋参茶。③西洋参茶不宜与萝卜或是传统茶饮同时饮用。④患有高血压、慢性乙肝或是性情太过急躁的人要慎重饮用此茶。

3. **名称：西洋参红枣茶**

材料：西洋参 3 片，红枣 5 粒。

制作方法：①将准备好的红枣洗净后去核。②将去核的红枣和准备好的西洋参放入茶杯中。③向装有原料的茶杯中倾入沸水。④加盖闷制 20 分钟之后即可开盖饮用。

保健功效：西洋参红枣茶具有益气安神、滋阴补虚的功效。饮用此茶可以帮助老年人增强自身体质，提高身体免疫力，解除体虚、精力不济及口干舌燥带来的烦恼。

健康提示：①注意西洋参和红枣之间的配伍比例。②慢性乙肝与高血压患者要慎重饮用此茶。

罗布麻茶：软化血管

1952 年农业经济学家董正钧在罗布泊发现了一种野麻，并定名为罗布麻。罗布麻是一种夹竹桃科的多年生草本植物。我国秦岭淮河昆仑山以北的各省区均有罗布麻分布。我们平时饮用的罗布麻茶所用的原茶就是罗布麻的叶或根。

罗布麻本身拥有极强的耐盐碱、耐寒、耐旱、耐沙、耐风等特性，能够在岸边、山沟、海滨盐碱低湿地、干旱沙漠或内陆盆地等地区生存。不过，近年来随着生态环境的变化，野生的罗布麻渐渐变少，如今我们可以看到的罗布麻大部分是人工培育的。

虽然罗布麻在 1952 年才被发现，但是据研究发现，实际上民间在很早之间就已将罗布麻用作治病的药材了。《三国志·华佗列传》中华佗就是利用罗布麻来为一位病人治疗眩晕症的。古代中医中并没有"血压"这个医学术语。华佗所说的"眩晕症"其实就是由高血压引起的头晕、胸闷、心肌梗死等病症。而这些病症正是经常会出现在老年人身上的主要病症之一。所以，罗布麻在老年人保健养生的过程中扮演着相当重要的角色。

中医认为，罗布麻是一味性凉味苦甘的中药，能够归入肝经，具有平抑阴阳、软化血管、清热利尿等功效。饮用罗布麻茶将会帮助饮用者尤其是老年人治疗头晕目眩、水肿、心悸失眠、高血压、高血脂等症，还可以帮助饮用者抗过敏、抗癌、抗辐射、延缓衰老。

如今，很多曾经的上班族和努力耕作的人们都已经进入了老年人的行列。随着一贯忙碌的生活节奏的消失，各种病症也不断找上门来。这时，老年朋友们千万不要慌张，一定要根据自己身体的情况及时与医生进行沟通，选择适合调理自己身体的茶饮。

降解烟毒、解酒保肝、安神助眠是罗布麻茶最擅长的功能。若是遇到心悸失眠、血压血脂升高等情况，不妨在和医生沟通之后为自己泡上一杯罗布麻茶吧。它可以让你在轻松的氛围中远离烦恼。

虽然罗布麻茶能为老年朋友们提供很多便利的养生途径，但是它却并非百无禁忌。所以，在按照以下配方进行自制罗布麻茶的冲制时一定要注意。

名称： 罗布麻茶

材料： 新疆罗布麻叶3~6克。

制作方法： ①将准备好的罗布麻叶放入茶杯中。②向装有原料的茶杯中倾入沸水。③加盖静置片刻之后即可开盖饮用。

保健功效： 罗布麻茶具有平抑阴阳、软化血管、清热利尿的功效。时常饮用罗布麻茶，可以达到治疗高血压、眩晕症的目的。

健康提示： ①在中药店购买的罗布麻叶具有轻微的毒性，所以要在仔细咨询医生之后再购买。②此茶不宜长期冲泡饮用。③选择正规厂家生产的食字号罗布麻叶，因为这些产品在加工过程中已经将其中的有害成分去掉了。经过加工的罗布麻叶更适合作为保健茶饮。

甜叶菊茶：养阴生津

一看到甜叶菊，经常喝茶的朋友们就会在心中生出熟悉之感。它在各类茶饮中常常充当冰糖或是其他各种糖类的替代物，而且通常情况下是为了方便糖尿病患者。甜叶菊到底有什么神奇的功效呢？为什么对糖避之唯恐不及的糖尿病患者可以饮用加入甜叶菊的茶饮呢？要想得出正确的答案，我们就需要深入甜叶菊的世界去一探究竟。

甜叶菊原产于南美洲的巴拉圭和巴西的原始森林小山坡的杂草丛中。一位日本教授于1969年在巴拉圭发现了它，人们都叫它甜叶菊。甜叶菊是一种双子叶菊科的多年生草本植物。由于它甜度高、热量低，因而被人们亲切地称之为"最甜的叶"和"时髦的甜味品"。我国自20世纪80年代开始才引进了这种茶。目前，甜叶菊的足迹已经遍及北京、河北、江苏、福建、云南等27个省区及直辖市。

随着甜叶菊引种的成功，我国的医学界也开始了对甜叶菊的研究和临床应用。据中医理论认为，甜叶菊是一味性寒味甘的药物，能够深入人体的肺经与胃经，具有生津止渴、养阴降血糖的功效。饮用甜叶菊茶可以帮助饮用者尤其是老年人治疗消渴症、糖尿病和高血压、高血脂等症。

在众多功效当中，治疗糖尿病是甜叶菊最擅长的功能。引起糖尿病的原因有很多，比如遗传、肥胖、年龄、激素异常等。糖尿病的种类也有很多种，比如1型、2型、继发性糖尿病等。不过，无论原因如何，种类如何，糖尿病患者都有一个共同的禁忌，那就是不能吃精制的甜食，如果症状比较严重的连普通的糖类也不能食用。

这时，一些患者尤其是一些老年糖尿病患者就会变得很"馋"。他们就像儿童一样，希望通过各种方式来求得家人的允许来吃一点甜食。而这时，家人们也很无奈，看着自己辛苦一辈子的父辈竟然会为这样一点小事而绞尽脑汁。可是为了他们今后的健康，只能狠心地拒绝他们。

自从甜叶菊出现之后，这种现象得到了很大程度的改善。先是临床医生发现了甜叶菊可以作为代糖的用途，建议家人们可以允许比较嘴"馋"的糖尿病患者通过服用甜叶菊来解一解甜"瘾"。后来，医学研究发现甜叶菊还可以帮助患者尤其是老年人降低血压和血糖，促进身体的新陈代谢，并达到强身健体的目的。于是，甜叶菊成为很多国家竞相引进与开发的药物。医学专家也多次向糖尿病患者推荐可以常饮甜叶菊茶来养生保健。

就是这样一株小小的植物解决了医学界和患者的一个大难题。不过，由于甜叶菊的甜度是普通砂糖甜度的 200~300 倍,所以我们在按照以下方法冲制甜叶菊茶时一定要注意甜叶菊的用量,以免茶饮过腻的情况出现。

名称:甜叶菊茶

材料:甜叶菊 3~9 克。

制作方法:①将准备好的甜叶菊放到茶壶中。②将 500 毫升的沸水倾入装有原料的茶壶中。③加盖静置片刻之后即可饮用。

保健功效:甜叶菊茶具有养阴生津的功效。它是治疗容易发生在老年人身上的口渴、糖尿病、高血压等症的好帮手。

健康提示:①注意甜叶菊的用量,不可使茶饮变得过腻。②甜叶菊可以充当任何花草茶的配伍,代替砂糖和蜂蜜作为甜味剂使用。③饮用甜叶菊茶不会使血糖升高。

雪茶:平肝养心

雪茶,又名地茶、太白茶,是地衣类茶科植物。它的形状就像空心草芽,重量特别轻,形状好像白菊的花瓣。雪茶还可以根据颜色分为白雪茶和红雪茶。

与其他茶饮的原茶可以经过人工栽培来扩大产量不同,雪茶因为只能生长在 4000 米以上的雪域高山上,所以只能采摘天然野生的雪茶,而无法进行人工栽培。也正是因为如此,雪茶才显得特别珍贵。

虽然在普通人眼中,雪茶是一个名不见经传的小角色。但实际上,雪茶拥有极高的观赏价值和药用价值。早在明朝时期,西藏的土司就将雪茶作为贡品进献到朝廷,供皇室品尝享用。到了清代之后,医学大家赵学敏就将它收录到《本草纲目拾遗》当中。据《本草纲目拾遗》记载,"雪茶本非茶类,乃天生一种草芽,土人采得炒焙,以代茶饮烹食之,入腹温暖,味苦凛香美"。

中医认为,雪茶是一种性凉味甘的中药,具有滋阴润肺、平肝降火、补血养心、清心开窍、生津止渴、清热解毒的功效。饮用雪茶可以帮助饮用者治疗高血压、冠心病、肥胖症、神衰体弱等病症。

如今,很多刚刚跨入老年行列的朋友迅速加入了"三高"的队伍。高血压、高血糖、高血脂时时压得老年朋友们喘不过气来。而雪茶中富含雪茶酸、鳞片酸、羊角衣酸、甘露醇、氨基酸、多种维生素和微量元素。这些健康元素将帮助饮用雪茶的老年人迅速排除体内的毒素,增强自身体质,缓和"三高"对他们带来的影响,直至治愈。

过去,雪茶身上总笼罩着一层神秘的色彩,因为它是只有皇室贵族才能享用的贡品。而现在,雪茶早已走进了寻常百姓家,成为老年人保健养生的备选佳品。

雪茶虽然很珍贵,但是并非泡制非常麻烦的茶饮。我们可以按照以下几个简便的方法来学习如何冲制雪茶。

1. 名称:白雪茶

材料:白雪茶1~3克。

制作方法:①将准备好的白雪茶放入茶杯中。②向装有白雪茶的茶杯注入沸水。③稍稍静止片刻之后即可饮用。

保健功效:白雪茶具有平肝降火、清心开窍、滋阴润肺、生津止渴的功效。它可以帮助饮用者尤其是老年人治疗高血压、冠心病,还可以帮助降低血脂,达到减肥的效果。

健康提示:①白雪茶属于珍贵的藏药,一定要去正规的药店进行购买,以免上当受骗错买假药。②虽然雪茶有红白颜色之分,但是二者的功效是相同的,并无本质上的区别。③白雪茶可以与绿茶一起混泡。

2. 名称:红雪茶

材料:红雪茶1~3克,红茶少许。

制作方法:①将准备好的红雪茶与红茶放入准备好的茶杯中。②向装有原料的茶杯中注入沸水。③稍稍静置片刻之后即可饮用。

保健功效:红雪茶具有平肝降火、清心开窍、滋阴润肺、生津止渴的功效。它是老年人治疗高血压与冠心病的重要帮手。除此之外,红雪茶还能够降低饮用者的血糖,帮助他们达到减肥的效果。

健康提示:①注意红雪茶与红茶之间的配伍比例。②虽然雪茶有颜色之分,但二者功效相当,没有本质上的区别。

银杏茶:润肺止咳

  银杏是植物王国的活化石,至今已经存活了两亿多年。与它同时代的动植物早已随着地球环境的不断演化而相继灭绝,只有银杏克服了种种困难还在顽强地进化和生长着。它又名白果、公孙树、鸭脚树、蒲扇,是一种多年生的落叶乔木,5月开花,10月成熟,果实是橙黄色的。虽然从表面上看,银杏的开花结果所间隔的时间并不长,但是一颗银杏树的长成要经过20多年的时间。正因为如此,银杏已经被我国列入了珍稀品种的行列。

  不过,由于银杏还是特种经济作物,所以在经过了一番艰辛的努力和探究之后,人们终于发现可以通过嫁接的方式来促使银杏加快成熟。目前,我国已经在江苏、浙江、广西等省区培育出优良的银杏品种。

  银杏不仅是十分美观的观赏植物,有着很高的食用价值,还有着非常重要的药用价值。其主要体现在医药、农药和兽药三个方面。我国著名的医学家李时珍认为银杏能够"入肺经、益脾气、定喘咳、缩小便。"清代医学大家张璐璐所著的《本经逢源》中记载"白果(即银杏)有降痰、清毒、杀虫之功能。"可治疗"疮疥疽瘤、乳痈溃烂、牙齿虫龋、小儿腹泻、赤白带下、慢性淋浊、遗精遗尿等症"。

  传统中医理论认为银杏是一味性平味苦甘的中药,能够归入心经与肺经,具有润肺止咳、治疗冠心病的功效。饮用银杏茶可以帮助饮用者尤其是老年人降低血压血脂胆固醇、治疗消化不良、提高整体免疫力。

  目前,很多老年人都是"三高"队伍中的成员。而银杏茶中含有丰富的蛋白质、氨基酸、矿物质和维生素等多种营养元素。这些营养元素将会帮助老年人清热解渴,强化血管,恢复心脏弹性的功能。同时,饮用银杏茶还可以帮助老年人抵抗衰老和癌症的进攻,并起到治疗老年痴呆症的功用。

  银杏是世界上最古老的植物。它虽然已经经过了两亿多年岁月的侵蚀,却依然没有失去青春的活力。银杏全身都是宝,它一直在以自己顽强的毅力向我们传达着健康的信息。

由于银杏中含有有毒成分,所以我们在按照下列配方进行银杏茶的泡制时一定要注意。

1. 名称:银杏茶

材料:银杏茶3克。

制作方法:①将准备好的银杏茶放入茶杯中。②向装有原料的茶杯中注入沸水。③加盖静置10~15分钟之后,即可开盖饮用。

保健功效:银杏茶具有润肺止咳、治疗冠心病的功效。有了银杏茶的保护,饮用者尤其是老年人就可以达到治疗肺虚咳喘、冠心病、高血脂、心绞痛等病症的目标了。

健康提示:①购买时需要选择已经制好的银杏叶。②银杏叶不宜同菊花一同泡茶喝。③银杏茶不宜与其他心血管用药及阿司匹林并用。

2. 名称:银杏党参茶

材料:制好的干银杏叶2~3片,陈皮、党参少量。

制作方法:①将银杏干叶、党参、陈皮放入准备好的茶杯中。②向装有原料的茶杯中注入沸水。③加盖静置10~15分钟之后即可开盖饮用。

保健功效:银杏党参茶具有润肺止咳、治疗冠心病的功效。它是治疗老年痴呆和耳鸣等症的重要辅助物。

山楂茶:健脾益胃

山楂又名胭脂果、山里红、柿楂子、酸梅子、山梨。我们儿时记忆中美丽的零食——冰糖葫芦就是用山楂做成的。山楂是我国特有的药果兼树种。它一般生长在山谷或山地的灌木丛中,具有很强的适应能力。我国的河北、辽宁、山东、河南等省是山楂的主产区。

山楂不仅易于成活,而且品种繁多,味道极佳。也正是因为如此,山楂还是田旁、宅院周围绿化的良好观赏树种。

除去观赏价值和食用价值之外，山楂还有极高的药用价值。元代医学大家朱震亨认为："山楂，大能克化饮食。若胃中无食积，脾虚不能运化，不思食者，多服之，反克伐脾胃生发之气也。"《本草通玄》则指出："山楂，味中和，消油垢之积，故幼科用之最宜。若伤寒为重症，仲景于宿滞不化者，但用大、小承气，一百一十三方中并不用山楂，以其性缓不可为肩弘任大之品。核有功力，不可去也。"《本草再新》也载道：山楂"治脾虚湿热，消食磨积，利大小便。"

在传统中医理论看来，山楂是一种性微温味酸甘的中药，能够深入脾经、胃经和肝经，具有健胃消食、顺气止痛、益脾止泻、解毒醒脑的功效。饮用山楂茶可以帮助饮用者治疗肉食滞积、症瘕积聚、腹胀痞满、瘀阻腹痛、痰饮、泄泻、肠风下血等症。

自从迈入老年的门槛后，很多老年朋友就会发现自己身上会出现一些以前从来没有出现过的症状，比如消化不良、肝火头痛、暑热口渴、高血压、高血脂等。这时，如能按照自己的身体情况适量地饮用山楂茶，可以使这些症状得到很大程度的缓解，进而达到治愈的效果。因为山楂本身含多种维生素、山楂酸、酒石酸、柠檬酸、苹果酸等，还含有黄酮类、内酯、糖类、蛋白质、脂肪和钙、磷、铁等矿物质。这些健康元素会帮助老年人加速脂肪类食物的消化，促进胃液的分泌，扩张血管、调节血脂和胆固醇的含量。

山楂茶的种类很多，以下几种是最为常见的。

1. 名称：山楂消食饮

材料：鲜山楂20克，鲜白萝卜30克，鲜橘皮5克，冰糖适量。

制作方法：①将准备好的山楂、白萝卜、橘皮洗净，备用。②将山楂拍破，将萝卜切成小块，将橘皮撕碎，然后将这些原料一同放入事先准备好的锅中。③向装有原料的锅中放入500毫升的清水。④加盖煎煮10~15分钟，加入冰糖，然后取汁饮用。

保健功效：山楂消食饮具有消食化积的功效。它可以促进饮用者胃液的分泌，从而达到加速脂肪类食物消化的目的。

健康提示：①注意鲜山楂、白萝卜和鲜橘皮之间的配伍比例。②注

山楂茶

意山楂的用量不可过多，以免对饮用者的胃造成强烈的刺激。③脾虚胃弱无积滞、气虚便溏、脾虚不食者不宜饮用。

2. 名称：山楂香柠茶

材料：山楂5克，丁香3克，柠檬3克，香茅3克，冰糖适量。

制作方法：①将准备好的山楂、丁香、柠檬、香茅放入茶壶中。②向装有原料的茶壶中注入500毫升沸水。③静置5分钟后，按照自己口味加入适量冰糖，搅拌均匀之后即可饮用。

保健功效：此茶具有促进脂肪代谢的功效。

健康提示：①注意山楂与丁香、柠檬、香茅之间的配伍比例。②脾虚胃弱无积滞、气虚便溏、脾虚不食者不宜饮用。

3. 名称：山楂双耳糖水

材料：蜂蜜山楂50克，银耳、黑木耳、冰糖各30克。

制作方法：①将准备好的山楂、银耳、黑木耳放入砂锅中。②向盛有原料的砂锅中加入清水，并用中火煮20分钟。③20分钟之后加入冰糖进行调味，调味完成之后即可饮用。

保健功效：山楂双耳糖水具有强精、补肾、美容、嫩肤、强心、壮身、补脑、提神、润肠、益胃、补气、和血、延年益寿的功效。

健康提示：①注意山楂、银耳、黑木耳之间的配伍比例。②脾虚胃弱无积滞、气虚便溏、脾虚不食者不宜饮用。

四药茶：气血双补

李济仁教授是新安医学"张一帖"的传人，他的夫人张舜华女士同样是一位国内外知名的中医教授，夫妇二人一生育有五个子女，全部都是医学专家，其中有三个儿子相继成为博士后，四个子女被评为教授。"一门三博士，两代六教授"，被医学界传为美谈。而他们的大儿子，就是写出了《养生大道：张其成讲读〈黄帝内经〉》《〈易经〉养生大道》《一本书学会中医养生》等诸多养生类畅销书的张其成博士。

在李教授50多岁的时候，由于高强度的工作压力，他患上了严重的高血压，最高的时候高压达到200多，低压120，经常感觉头晕目眩。《黄帝内经》中说："气血失和，百病乃变化而生"，人体健康有一个重要的标准，那就是气血充盈而调和，血充足了，四肢百骸、五脏六腑才能够得到濡养，气充足了，这些濡养才得以完成。作为中医专家的李教授自然知道，自己这个情况属于气血亏虚，因为气血无法濡养头脑了，所以出现头晕的症状。于是，他经过缜密思考，给自己配制出了一帖药茶。

如今，李老已经年逾八十高寿了，但看上去脸色红润，肤质细腻，一点也没有衰老的迹象。而且李老的精神出奇的好。现在他每天都是晚上12点睡觉，早上7点起床，然后从8点开始坐诊，直到下午一两点才休息。这样的工作强度，连跟着他抄方的学生都有点受不了，但他却并不感到疲倦。李老还特别喜欢旅游，基本上每年都要出国一两次。

这样神奇的变化，让见到李老的人羡慕不已。恐怕你也在琢磨：这究竟是什么样的茶，居然有如此的神效？其实，这不是一杯普通的茶，而是李老精心研究出来的药茶。

名称：四药茶

材料：黄芪10～15克，西洋参3～5克，枸杞子6～10克，黄精

10克。

制作方法：①把四味药材放到茶杯里，用开水冲下去，然后用盖子把它盖起来。②闷5～10分钟就可以了。一天一杯，水没了就续一点，最后把杯底的药材吃掉。

功效：西洋参与偏温的枸杞子相配，就是寒温并用，共奏补气、补血之功。另外，黄芪为"补药之长"，可以补养五脏六腑之气；黄精有"补诸虚，填精髓"的功效，主要用来补血。四药相合，就能够达到调理气血，通经活络的效果。

健康提示：四药茶虽然好，但并非人人适宜，喝前请您一定要咨询专家，并且正患感冒的人不要喝。另外，手脚经常冰凉和容易腹泻的病人，最好也要少喝。

正如李老在《中华医药》中写道："我这杯茶主要是气血双补，调理气血，调理经络，通经活络，中医讲气血调和就百病不生，人生病主要是气血不和，关键在个和，所以我这杯茶下去，不单是头昏方面好了，身体方面，皮肤方面实际上都有一定的好处的。"气血和则百病消，老年人常喝这种茶，岂能不健康长驻呢？

第四章

特殊人群的健康茶饮

所谓特殊人群,在营养学的范畴内主要指下列两大类人群:一类为不同生理或病理状况的人群,另一类是在特殊的工作环境中从事特殊职业的人群。在我们的日常生活中,就有很多这样的人存在,比如孕妇乳母、特殊年龄段的婴儿、学生、中年、老年人,以及从事着需大量用脑或动手的不同工作者等。呵护这些特殊人群的健康,同样是全社会关注的一个重点。下面,我们就根据一些典型的情况为您介绍数款健康的茶饮。

常接触电脑者的健康茶饮

随着我们的世界开始迈向信息化、全球化,电脑渐渐发展成了我们日常生活中不可或缺的工具。诚然,无论是工作还是休闲,我们已经越来越离不开它,它为我们的工作带来了很多的便利,也为我们的生活增添了许多的乐趣。

然而,当享受着电脑给我们生活带来便利的同时,你是否发现了一些新的问题呢?例如头痛头晕,记忆力减退,多梦易醒,视力下降等。

一项研究证实，电脑屏幕发出的低频辐射与磁场，容易引发多达十几种病症，包括鼠标手（即腕关节综合征）、干眼症、颈背综合征、皮肤过敏、失眠、短暂失去记忆、内分泌紊乱、电脑忧郁症及电脑狂躁症等；而对于女性朋友而言，还会造成生殖机能和胚胎发育的异常。因此，电脑族的健康问题已经引起了大家的关注，作为电脑一族的你，思考过怎样避免这些病理保持健康吗？

　　一般来说，长时间在电脑前工作，一定要注意连续工作4小时以上，就要起身活动一下身体，远望窗外，或者做些简单的保健操。此时，如果再来上一杯适合您口味和特征的保健茶饮，那就真是有百利而无一害了。我们常用于电脑族中的保健茶饮药材就包括了红枣、伸筋草、枸杞子、决明子等。下面，就让我们看看有哪些具体的茶饮配方适合您吧！

1. 名称：绿豆薏苡仁饮

　　材料：绿豆200克，薏苡仁200克，白糖适量。

　　制作方法：①将薏苡仁用水浸泡3小时，完成后将绿豆洗净，然后一并放入锅中。②加入适量清水，待到煎煮到熟烂时，加糖搅拌均匀，再熬煮片刻即可出锅。③取汤水即可。

　　保健功效：这款茶有利尿消肿，清热解毒，健脾益气之功效。

　　健康提示：此茶特别适合经常熬夜的电脑一族。如果你感到心烦气躁，便秘，口干舌燥或是患有青春痘等症状，饮用这款茶饮也是非常合适的。

2. 名称：黄芪桂枝芍药茶

　　材料：黄芪20克，桂枝、芍药各6克，生姜12克，红枣10颗。

　　制作方法：①将生姜洗净后切片。②与其他四种原料一并装入茶包袋中，放入装有1000毫升的锅中煮沸。③代茶饮用。更可做早餐或是下午茶的茶饮。

　　保健功效：这款茶有助于减缓长期使用键盘和鼠标后的手腕酸痛现象。若单独冲泡红枣饮用，亦有增加血液循环和镇静利尿的功能。

　　健康提示：黄芪表实邪盛，食积停滞、气滞湿阻，以及阴虚阳亢者，均需禁服。而红枣本身吃多容易胀气，所以舌苔黄，湿热重的人不宜服用。另外，由感冒引起的多汗症以及感冒咽喉痛者忌饮。

3. 名称：枸杞茶

材料：枸杞子 15 克。

制作方法：①将枸杞子放入锅中，倒入适量冷水。②煎煮约 30 分钟后即可，代茶饮用。

保健功效：对于电脑一族来说，经常用眼看着电脑屏幕是必不可少的，而此茶对于眼睛酸涩、疲劳以及近视加深都有不错的辅助治疗效果。

健康提示：枸杞不是所有的人都适合服用，由于它温热身体的效果相当强，所以身体有炎症、腹泻、正在感冒发烧或是高血压患者最好别吃。

4. 名称：伸筋茶

材料：伸筋草 20 克、天门冬、枳壳各 12 克，鸡血藤 15 克，甘草 6 克，红糖适量。

制作方法：①将伸筋草、天门冬、枳壳、鸡血藤、甘草一并装入茶包中，并置于大茶杯内，倒入 1000 毫升沸水冲泡后闷 15 分钟。②待到茶水泡到深红色时再加入适量红糖调制均匀即可，可连续冲泡 2 次。③代茶饮用。

保健功效：此茶能够除湿消肿，并且可帮助长期静坐使用电脑者疏通经络，祛风散寒，活血。

健康提示：女性经期时，这款茶切勿饮用。

5. 名称：密蒙花茶

材料：密蒙花 3~5 克。

制作方法：①在茶杯中放入干燥的密蒙花花瓣。②加入沸水后闷泡 10 分钟即可。可根据各人口味加入红糖或蜂蜜一同饮用。还可与绿茶、蜜糖一同加水煎煮后代茶饮用。

保健功效：这款茶具有明目退翳、清热养肝之功效。

健康提示：睡前一杯密蒙花茶有益健康，并且没有任何副作用。但目疾属阳虚内寒者慎用。

6. 名称：枸杞菊花桑叶茶

材料：枸杞子12克，菊花、桑叶各6克，谷精草3克，蜂蜜适量。

制作方法：①将枸杞子与菊花、桑叶、谷精草一并装入到茶包中。②放入大茶杯，倒入1000毫升沸水闷泡10分钟。③待到茶水变为淡黄色时，加入适量蜂蜜均匀调制，代茶饮用。

保健功效：这款茶具有清热解郁，清肝明目之功效。除此以外，菊花茶还可吸收由于长时间对着电脑造成的荧光屏辐射。

健康提示：经常饮用这款茶可以有效减缓久盯屏幕而产生的两眼干涩、两眼昏花等症状，还可以阻止视力的衰退。另疏散风热多用黄菊花（杭菊花），平肝明目多用白菊花（福田白菊或滁菊花）。

7. 名称：杜仲茶

材料：杜仲12克。

制作方法：①把杜仲放入杯中，浇上开水。②闷盖3分钟，打开盖，即成香甜的美味饮品。

保健功效：此茶具有补血，强筋壮骨之功效，冷饮或冰镇口味更佳，亦可依各人口味调以菊花、灵芝、蜂蜜、果糖饮用。

健康提示：杜仲茶的成分与一般茶叶不同，由于不含咖啡因，故常饮也不致失眠，更没有上瘾等副作用。

以上这些都是我们为您精心挑选的适合电脑一族的保健茶饮。愿您能找到一款属于您的健康茶饮。

应酬族的健康茶饮

在职场，应酬不可挡。临近过年，单位聚餐、酬谢客户、亲朋相聚、赶场吃年饭是常见的事。但觥筹交错之间，几顿大餐下来，不少人的健康就出了问题。混乱的作息时间，暴饮暴食，饮酒过度缠绕着现代人。

再加上平时日常工作中坐多动少,以致不少应酬族都出现了消化不良、高血压、肥胖以及失眠等症状,严重者甚至还患上了胃出血、酒精性胃病、酒精肝、糖尿病等危险的疾病。因此如何在保证我们正常的社交应酬的基础上找到一种健康的生活方式,就成了我们要思考的问题。

首先,我们平时应尽量减少一些不必要的应酬,调整我们的休息时间,控制高热量食物的摄入,减少吸烟喝酒,并且尽量多做些运动来调整我们的身心。另外,我们还为您推荐了几款特别适用于"应酬族"饮用的健康茶饮,相信一定会给您的健康带来福音。

1. 名称:洋甘菊茶

材料:洋甘菊3~5克,蜂蜜适量。

制作方法:①将干燥的洋甘菊放入茶杯中,倒入开水后闷泡10分钟。②待到茶色变成金黄色后再酌加适量蜂蜜或冰糖,代茶饮用。

保健功效:此茶具有平肝明目,镇定安神,祛风解表之功效。

健康提示:①此茶勿过量食用,怀孕妇女不宜饮用。②低血压,寒性体质者根据自身情况酌量饮用。

2. 名称:洋参麦冬五味子茶

材料:洋参5克,麦冬10克,红枣2颗,五味子3克,冰糖适量。

制作方法:①将红枣洗净后与洋参、麦冬、五味子一同放入到砂锅中,加入500毫升清水。②待煎煮至300毫升时,加入冰糖调匀,代茶饮用。每日1剂。

保健功效:这款茶具有健脾开胃,益气养阴的效果。

健康提示:此茶对于长期应酬导致的气阴不足,气短懒言,精神不振,疲乏无力者具有很好的保健作用。

3. 名称:山楂降脂茶

材料:山楂10克,陈皮5克,红茶3克。

制作方法:①将原料一并放入到茶杯中。②用沸水闷泡10分钟后即可代茶饮用。

保健功效：这款茶有助于帮助我们理气消食以及降低脂肪，尤其适合高血脂的人饮用。

健康提示：胃酸过高以及溃疡病患者不宜饮用此茶。

4. 名称：葛根醒酒茶

材料：葛根30克。

制作方法：①将葛根置入锅中，加入适量清水后煎煮。②去渣取汁，待稍凉后代茶饮之。

保健功效：这款茶具有升阳止泻，发表解肌以及解酒毒等功效。

健康提示：葛根具有改善脑部血液循环之效，所以葛根茶具有清热、分解酒精、醒酒健胃、解酒护肝等功效。此茶尤其适用于饮酒过量者饮用。

5. 名称：麦芽山楂茶

材料：炒麦芽10克，炒山楂3克，红糖适量。

制作方法：①将炒麦芽，炒山楂一并置于锅中。②加水煎煮后，去渣取汁。③加入适量红糖调制均匀。代茶饮用。

保健功效：这款茶具有和中散瘀，消食下气之功效，适用于饮食失节及食滞停积而致的呕吐、因食积中焦而使脾胃运化功能失常等。

健康提示：①脾胃虚弱者慎服。②孕妇不宜食用，因山楂破血破气，容易动伤胎气、导致流产。③空腹不宜多食，因山楂所含的酸性成分较多，空腹多食，会使胃中的酸度急剧增加，容易导致胃痛甚至溃疡。

6. 名称：川芎茶

材料：川芎5克，茶叶10克。

制作方法：①将川芎与茶叶一并研磨成细末。②置于茶杯中以沸水冲泡后代茶饮。每日1剂。

保健功效：此茶有助于祛风止痛，活血行气。

健康提示：①月经过多，孕妇及出血性疾病者慎服。②阴虚火旺者禁服。

以上是我们为各位"应酬族"推荐的几款比较健康的茶饮,各位可根据自己的情况和喜好加以选择。希望大家在平时的日常生活中能更多地关注自身的健康,在合理工作和休闲的同时,切勿给自己的身体亮红灯。

体力劳动者的健康茶饮

一般来说,体力劳动者多以肌肉、骨骼的活动为主,他们能量消耗多,需氧量高,物质代谢旺盛。一般中等强度的体力劳动者每天消耗3000~3500千卡的热量,重体力劳动者每天需消耗热量达3600~4000千卡,其消耗的热量比脑力劳动者高出1000~1500千卡。体力劳动者的健康,与劳动条件和劳动环境有着密切的关系。体力劳动者以筋骨肌肉活动为主,体内物质代谢旺盛。体力劳动者有很多种类型,比如夏天从事高温作业的人、采矿工作者、搬运工、建筑工人等。

不同的体力劳动者在进行生产劳动时,身体都需保持一定体位,采取某个固定姿势或重复单一的动作,局部筋骨肌肉长时间地处于紧张状态,负担沉重,久而久之可引起劳损。故《素问·宣明五气篇》有"久视伤血、久卧伤气、久坐伤肉、久立伤骨、久行伤筋,是调五劳所伤"之论。体力劳动者往往大汗淋漓,体内容易缺乏 B 族维生素、维生素 C 以及氧和钠等,造成营养比例失调。还有可能接触一些有害物质,如化学毒物、有害粉尘以及高温高湿等。

因此,体力劳动者应该多吃些新鲜蔬菜和水果,以及咸蛋、咸小菜、盐汽水等,以补充维生素 C、B 族维生素以及氧和钠。从事铅作业的人,为了防止铅中毒,要补充维生素 C,每天需要补充 150 毫克左右。在膳食中要增加新鲜蔬菜和水果,同时供给低钙、正常磷的膳食,以减少铅在体内的蓄积。不过,除了合理膳食,茶饮也是不错的选择。常用于体力劳动者的健康茶饮药材有枸杞、干菊花、胡萝卜等,至于具体做法,下面几款就是非常不错的选择。

1. 名称：枸杞普洱茶

材料：普洱茶 3 克，枸杞 3～5 克，干菊花 2～3 朵。

制作方法：①将茶、枸杞和干菊花放入玻璃杯中。②以开水冲泡服用，或者用水煮沸后服用。

保健功效：这款茶具有养肝明目、缓解疲劳以及养精补气之功效。

健康提示：①枸杞性热，所以一次不必放入太多枸杞，一般一杯茶中 7 粒左右即可。②性情过于急躁或体质偏热的朋友不宜过多饮用此茶。③冲服时，注入开水后不要立即服用，应该让茶、枸杞和干菊花在水中充分浸泡后再喝，效果更好。

2. 名称：杞汁滋补饮

材料：鲜枸杞叶 100 克，苹果 200 克，胡萝卜 150 克，蜂蜜 15 克，冷开水 150 毫升。

制作方法：①将鲜枸杞叶、苹果、胡萝卜洗净，切片。②同放入搅汁机内，加冷开水制成汁，加入蜂蜜调匀即可。每日 1 剂，可长期饮用。

保健功效：此茶具有强身壮阳、美颜、抗疲劳之功效，在工作过于劳累及运动过量时饮用，能消除困倦疲劳，恢复元气，增强健康。

健康提示：阴虚精滑的人慎服。

脑力劳动者的健康茶饮

科学家研究发现，人脑的重量虽然只占人体重量的 2% 左右，但大脑消耗的能量却占全身消耗能量的 20%。脑力劳动者是指长期从事科技、文艺、教育、卫生、财贸、法律、管理等领域的人员，以及那些体力劳动强度不大而神经高度紧张的群体，如观测、检验、仪表操作等人员。他们存在工作时间不规律、肌肉活动少等问题。因此，一些职业病也困扰着脑力劳动者。

对他们来说，高档的工作环境暗藏诸多健康杀手，经常从事视屏作用会导致视觉紧张，长时间保持静态作业会形成不良工作体位，压力大、竞争性强使精神无法松弛，封闭工作室制造了不良微环境，导致空调病、肌肉不适、僵硬、酸麻、刺痛感、腰背痛、头痛、眼干、眼痛、视力下降、结膜发红等视觉问题，更严重时还会出现抑郁症、心脑血管病，甚至过劳死。

所以，对于脑力劳动者来说，如何保障一天的工作质量和身体健康，就成了我们讨论的重点。就像合理的饮食及生活习惯会对我们合理用脑产生一定的积极作用一样，一款健康的茶饮也会给脑力劳动者带来一些意想不到的功效。针对长时间坐位作业、体力活动少等特点，大多数脑力劳动者宜选择绿茶、薄荷、桂圆、桑葚、黄芪、红花及枸杞等中药配伍组成的茶饮。其中，下面几款就非常不错，朋友们不妨一试。

1. 名称：薄荷灵芝茶

材料：新鲜薄荷叶4片、灵芝3克、冰糖5克。

制作方法：①将鲜薄茶叶、灵芝清洗干净。②将灵芝放入锅中，加入500毫升清水煮沸。待煮沸后加入冰糖，再煮三分钟。③将汁液沥出，泡入新鲜薄荷叶，浸泡五分钟后即可饮用。

保健功效：此茶具有提神醒脑、补中益气、健胃消疲的功效。

健康提示：脾胃虚寒者慎用。

2. 名称：核桃桂圆芝麻汤

材料：核桃肉500克，桂圆肉、芝麻各125克，白糖适量。

制作方法：①核桃肉、桂圆肉、芝麻共同放入盆中。②加白糖适量，捣烂、调匀后装瓶。③每日早、晚各取1匙以沸水冲服。

保健功效：此茶具有益智补脑的功效。

健康提示：肠滑便溏者不宜服用。

3. 名称：鲜桑葚蜂蜜饮

材料：鲜桑葚100克、蜂蜜25克。

制作方法：①将鲜桑葚洗净、绞汁。②取汁倒入小锅内，用文火煮浓，再调入蜂蜜25克，冷却后装瓶。③每日早、晚各取1匙，用沸水冲汤饮用。

保健功效：这款茶具有益智补脑的效果。

健康提示：胃寒、便溏者不宜饮用。

4. **名称：梅子绿茶**

材料：绿茶5克，青梅汁与冰糖适量。

制作方法：①将冰糖加入热开水中煮化。②加入绿茶浸泡5分钟，滤出茶汁。③加入青梅及少许青梅汁拌匀即可。

保健功效：消除疲劳，增强食欲，能够帮助消化，并有杀菌抗菌作用。

健康提示：此茶适用于下午工作疲倦时饮用。

另外，我们还可选用西湖龙井5克与2~3颗桂圆一同用开水冲泡饮用。此茶具有健脑益智、抵抗辐射、振奋精神、抗衰老等功效。当然，绿茶不一定非选西湖龙井，也可以根据个人口味选择碧螺春、六安瓜片、信阳毛尖等名品绿茶代替饮之。

经络损伤者的健康茶饮

在现代忙碌的工作学习中，人们常常会受到一些小病痛的困扰。经络损伤便是其一。经络是人体用以运行气血、联络脏腑、沟通内外、贯穿上下的通路，调节着人体的平衡。如果经络出现了问题，则人体就会不通畅，因而影响人的健康。

经络内属脏腑，外络肢节，人体内的毒素和代谢物通过经络而流注于全身，常蕴积于经络脏腑，造成经络脏腑不通。经络出现问题时，常伴有不明原因的游走性疼痛、明显的气虚和体质下降等。如果不加以治疗，经络瘀塞会导致癌症。

在传统的医学理念中，经络的损伤是不可复原的，所以也就是不可治愈的。但是，随着医学的不断进步，有一些中医高手在实践中得出了另一个结论：经络损伤虽不好复原，但经络却是有再生性的，在正确的手法治疗和有效的药物刺激下，经络可以绕过损伤处，另辟蹊径重新工作。

医学研究还发现，经络保健茶能够兼入五脏，畅通脏腑的经络，令人体的代谢废物和毒素排泄等有很好的出路，起到疏通经络，行气活血的作用。遇到口苦口干，痰湿瘀结，经络瘀塞等症状时，经络保健茶会有较好的医疗作用。但是对于经络病来说，只有真正的老茶才有显著的效果，例如喝一些较粗老的岩茶或单丛，三年以上的熟普洱等。下面，我们来了解一下对于经络损伤的茶疗验方。

1. 名称：玫瑰全当归红花茶

材料：玫瑰花9克，全当归3克，红花3克。

制作方法：①将锅内加入适量水。②将三味药放入锅内，水煎。③煎完后，留汤取汁，即可。

保健功效：此茶具有行气破血之功效，可用以治损伤瘀痛、外伤血瘀肿痛或痹证经络不通之肿痛。

健康提示：饮时用白酒少量对服。阴虚有火者勿服。

2. 名称：木瓜青茶

材料：木瓜5克，青皮3克，秦皮3克，松节3克，花茶3克。

制作方法：①将锅内加入300毫升开水。②将五味药放入锅内冲泡。③当冲饮至味淡即可。

保健功效：此茶具有舒筋活络、调肝明目之功效，适用于治疗肝气不舒，湿滞经络，筋脉不舒之屈光不正、视物模糊等。

健康提示：体质虚弱及脾胃虚寒的人，不要水冷后食用。

长期吸烟者的健康茶饮

"吸烟有害健康"是我们耳熟能详的一句话。科学研究表明，香烟的烟雾里含有4000多种化学物质，其中50种以上化学物质都属于致癌物质。这些物质经过呼吸道吸收不仅会导致肺癌，还可能得食道癌和喉癌等各种癌症。自由基是人体在呼吸代谢过程中，在消耗氧的同时产生的一组有害"垃圾"，它是致癌的重要原因。而烟民在吸烟过程中会产生大量的自由基。吸烟同时会造成人体内维生素C水平的下降，给人体留下隐患。

从保健角度来看，茶却是烟民很好的伴侣。许多吸烟者认为，喝茶时吸烟，会别有一种味道：烟会更香浓，茶会更甘口，这是不无道理的。因为茶饮中的茶多酚能抑制自由基的释放，控制癌细胞的增殖。它进入人体后能与癌物质结合，降低癌物质的活性，从而抑制致癌细胞的生长，可以抑制由于吸烟引起的肿瘤的发生。我们知道，经常补充一定剂量的维生素C则可避免吸烟所带来的危害，而绿茶等就含有非常丰富的维生素C。所以，吸烟者饮茶不仅可以适当补充由于吸烟造成的维生素C的不足，还可以保持人体内产生和消除自由基的动态平衡，提高人体的免疫力。

既然饮茶对吸烟者是一剂非常好的良药。那么具体有哪些茶适合他们呢？在茶材方面，桔梗、百合、胖大海、灵芝等都是非常好的选择。至于具体的茶饮，桔梗茶和麦参清肺茶就很不错。

1. 名称：桔梗百合菊花茶

材料：桔梗5克，百合5克，菊花3克，炙甘草3克，胖大海一枚，冰糖适量。

制作方法：①将锅内加入适量水，煮沸。②将上述原料制成一个小茶包，用沸水冲泡装成一个小茶包即可。

保健功效：此茶具有养肺利咽之功效，可以开肺气之结、宣心气之郁，适用于吸烟者的日常保健。

健康提示：消化性溃疡者不宜服用。

2. 名称：麦参清肺茶

材料：麦冬、太子参、百合、灵芝、桑叶各1克。

制作方法：①将锅内加入适量水，煮沸。②将上述原料做成茶包，用沸水冲泡即可。

保健功效：清肺润燥，益气生津，利咽化痰，补脾胃虚燥，降血脂血压，大便秘结，清精血浑浊。适合常年吸烟者与经常被动吸烟人群或大便秘结者。

健康提示：每次1包，每日2次，热水反复泡饮4~6杯。不宜与藜芦同用，孕妇忌服。

麦参清肺茶

少年儿童的健康茶饮

如今少年儿童的身心健康已被人们日益关注。随着社会经济的进步，我们少年儿童的健康在某种程度上似乎在慢慢好转。但事实上，营养不良和肥胖、近视、贫血、龋齿等问题仍然困扰着广大孩子们。

众所周知，现在的学生，在学校学习任务非常的繁重，甚至回到家还要经常看各类书籍或使用电脑而造成一定的视力疲劳，导致很多的学生都戴上了近视眼镜。除此以外，孩子们由于学业的压力以及正处于青春期的发育早期，很多少年儿童还会出现注意力不集中，甚至出现少年白发等问题。

对此，建议孩子们常喝一些保健茶饮。它们既能在一定程度上减轻孩子的疲劳，保护视力，还有利于孩子的健康成长。通常，适用于少年儿童的茶材有甘菊花、茉莉花、薄荷等。下面，让我们来看几个具体的配方。

1. 名称：菊花茶

材料：甘菊花3~5朵。

制作方法：①将甘菊花放入杯中。②在杯中倒入开水，冲泡后热饮。

保健功效：这款茶具有清热降火、养肝明目、缓解视疲劳等功效。

健康提示：①菊花有很多，如白菊，黄菊，野花菊等。"白菊入茶，黄菊入药"，如果眼睛没什么大碍，只是偶尔看书或用电脑过度感到眼胀眼涩，可以喝杭白菊。若是眼睛感觉非常疲劳，视力模糊，便可以喝黄山贡菊，因为它清火明目，疏风散热的效果更好。②需注意的是菊花虽好，但不是所有人都适合。性凉微寒，体虚畏寒者就不宜多饮。

2. 名称：茉莉醒脑茶

材料：茉莉花15克，薄荷10克，肉桂7克，蜂蜜适量。

制作方法：①将茉莉花，薄荷，肉桂用水过滤。②用450毫升热开水冲泡15分钟。③倒入茶杯，加适量蜂蜜调味饮用。

保健功效：这款茶具有提神安眠，消除疲劳的功效。

健康提示：茉莉花具有优雅甘美的花香，让人心情舒畅，有助于提振精神。薄荷具有消除疲劳，安神助眠，杀菌去腥的作用。

3. 名称：干桑葚蜜饮

材料：干桑葚500克，蜂蜜300克。

制作方法：①将干桑葚洗净，加适量水煎煮。②每30分钟取一次煎液，然后加水再煮，共取2次。③合并煎液，用小火煎熬浓缩成黏稠状。④加入蜂蜜煮沸后停火，待冷后装瓶备用。⑤每次取一汤匙的量用沸水冲以饮用，每日2次。

保健功效：此茶具有补肝益肾、乌须发的功效。

健康提示：此茶适用于少年白头者饮用，但脾胃虚寒作泻者勿服。

另外，为了孩子们的健康，家长们在选购饮品时，应以纯天然饮品尤其是白开水为好，尽量挑选不含或少含合成色素和含糖量高的饮品。

教师的健康茶饮

说得神圣些，教师是"太阳底下最光辉的职业""人类灵魂的工程师"，是春蚕，是蜡烛。说得实在些，教师是受过专门教育和训练，在学校中向学生传递人类科学文化知识和技能，发展学生的体质，对学生进行思想道德教育，培养学生高尚的审美情趣，把受教育者培养成社会需要的人才的专业人员。也正是由于职业的特殊性，很多疾病也是不断地困扰着他们。

首先，教师常需在黑板上书写、绘图进行讲解，在消磨了数以万计粉笔的同时，鼻孔也不可避免地吸入了大量的粉笔灰，鼻炎就这样悄悄来到身边。而由于工作性质关系，用嗓过度、发声不当引起声带息肉、声带小结所致声音嘶哑是教师的现代职业病。教师工作压力大，事务性工作多，不少教师临睡前还在备课，考虑近期工作，因此有睡眠问题的教师就特别多。而长期睡眠不足，大脑得不到足够休息，还会出现头疼、头晕、记忆力衰退、食欲不振、抑郁等现象。教师需要长时间伏案低头工作，姿势又持续固定不变，因此教师易犯肩颈痛。此外，长期面对电脑，近距离用眼，几乎是当下教师的通病。

不得不承认，这些日常间细微的疾病，很容易为教师们带来诸多严重疾病的隐患。为此，我们就为广大老师们推荐几款养生保健茶饮，兼顾日常保健与防病祛病双重目的。

1. 名称：观音罗汉茶

材料：铁观音5克，罗汉果1颗。

制作方法：①将罗汉果洗净后拍烂切碎，加水后用慢火煲约1小时。②铁观音用滚水迅速洗茶，将水倒掉。③用罗汉果水泡铁观音茶，约2分钟后即可饮用。

保健功效：此茶具有化痰止咳，清热润肺，缓解慢性咽炎之功效。

健康提示：罗汉果是一种清火润喉的良品，非常适合过度用嗓的老师泡茶饮用，此茶同样也适合吸烟人士或被动吸二手烟的人群饮用。

2. 名称：牛膝炭母草茶

材料：火炭母草、土牛膝各15克，地耳草11克，肉桂、甜菊叶各7克。

制作方法：①将火炭母草、土牛膝、地耳草、甜菊叶等药材用水过滤。②在包好的药材中加入4碗水，用大火煮开后再转入小火续煮40分钟。③将药材倒出来过滤，并倒入肉桂闷 5 分钟后即可连同肉桂一起服用。

保健功效：此茶是治疗跌打损伤，腰酸背痛的良品，还可行气活血。

健康提示：此茶饮为中药配方，需根据自身情况饮用。

3. **名称：葛根川七茶**

材料：葛根 15 克，独活、白芍各 11 克，藏红花 3.75 克，川七 22.5 克，甘草 7.5 克。

制作方法：①将葛根、独活、甘草用水过滤。②再将所有药材用 450 毫升的开水冲泡 15 分钟，汤药倒出来过滤即可饮用。

保健功效：此茶具有改善肌肉酸痛，祛风湿，缓解髋膝酸痛的功效。

健康提示：请遵医嘱，且饮此茶不宜过频，上述方为 1 天的剂量，3 天服用 1 次即可，30 天为一个周期。

总之，无论是护嗓还是缓解腰酸背痛，都希望以上几款茶饮对广大辛勤工作的教师能有一定的帮助。

准妈妈的健康茶饮

众所周知，准妈妈就是指那些怀孕了、不久要生小孩子、准备当妈妈的一类女人。说得专业些，她们就是即将分娩的女人。

这类女性朋友一方面可以享受即将晋升为妈妈的喜悦，另一方面也要格外小心地照顾自己的身体。因为在怀孕期间，孕妇体内会分泌大量的黄体素来稳定子宫，减少子宫平滑肌的收缩，但同时也会影响胃肠道平滑肌的蠕动，造成营养不良，造成反胃、呕酸水等现象。同时，孕妇还会出现水肿的现象。例如在妊娠晚期脚部水肿等，就是非常常见的现象。不仅如此，流产也为妇产科常见疾病，其主要症状为出血与腹痛。对此如处理不当或处理不及时，可能遗留生殖器官炎症，或因大出血而危害孕妇健康，甚至威胁生命。另外，妊娠期间贫血也是常见的病症。如果严重的话，还会诱发心脏病、围产儿死亡率高，甚至牵连到宝宝出生后也发生贫血。

由于准妈妈在妊娠期间会出现以上种种病症,所以积极的预防和治疗是必不可少的。而我国中医自古以来对其深有研究,推荐准妈妈如遇呕吐症状可适当饮些清淡的茶饮,可以紫苏梗、陈皮、生姜、鲜芦根、核桃等茶材为主;如出现妊娠水肿可选冬瓜皮、灯芯草、鲜竹叶、玉米须等茶材;如想保胎可选择桑寄生、莲子、艾叶、南瓜蒂等茶材;若出现妊娠期间贫血可选择当归、人参、荔枝、红枣等茶材。

下面,我们就以上述茶材为主,为处于妊娠时期的准妈妈们推荐几款健康保健茶饮,希望大家可以根据自身的需要有所选择,从而实现母子健康平安。

1. **名称:黄连苏叶茶**

    材料:黄连3克,紫苏叶8克。

    制作方法:①将黄连捣碎,紫苏叶揉碎。②再用沸水冲泡,加盖闷10分钟即可,代茶饮用。每日1剂。

    保健功效:这款茶具有泻火解毒,理气安胎,清热燥湿的功效。

    健康提示:妊娠呕吐,证属胃热者,胃虚呕吐、脾虚泄泻、五更肾泻者慎服此茶。

2. **名称:橘皮竹茹茶**

    材料:橘皮、竹茹各12克。

    制作方法:①按原方比例剂量,将橘皮、竹茹研成粗末备用。②用沸水适量冲泡,盖闷15分钟后即可饮用。③1日内分3~4次服完。每日1剂。

    保健功效:这款茶具有益气清热,降逆止呕的功效。

    健康提示:本方所治乃胃虚有热,气逆不降所致之证。胃虚宜补,胃热宜清,气逆宜降,故本方从清补降逆立法。对于胃虚有热之呃逆、干呕最为适合。

3. **名称:甘蔗茶**

    材料:甘蔗100克,生姜10克。

制作方法：①将甘蔗、生姜榨汁。②两种汁液混合加水200毫升后煮沸。代茶饮。

保健功效：这款茶具有良好的和胃止呕效果。

健康提示：胃肝不和之妊娠恶阻特别适合饮此茶。

4. 名称：白术陈皮茶

材料：白术15克，陈皮10克，大腹皮10克，茯苓10克。

制作方法：①将白术、陈皮、大腹皮、茯苓制成粗末。②用沸水冲泡，加盖闷30分钟，代茶饮用。

保健功效：此茶具有利水消肿、健脾益气的功效。

健康提示：这款茶特适用于妊娠水肿症状的女性朋友。

5. 名称：五皮芪术茶

材料：茯苓皮15克，五加皮、桑白皮、生姜皮各6克，大腹皮10克（或冬瓜片15克），生黄芪10克，白术10克。

制作方法：①将上药共制成粗末。②分成10份，每次取一份用沸水冲泡后加盖闷30分钟代茶饮用。每日1剂。

保健功效：这款茶具有利水消肿、健脾益气的功效。

健康提示：面目四肢水肿或遍及全身的妊娠水肿患者尤适于饮用此茶。

6. 名称：莲子葡萄茶

材料：莲子90克，葡萄干30克。

制作方法：①将莲子去皮芯后用水洗净。②与葡萄干一同加水800毫升煎煮至莲子熟透即可。

保健功效：这款茶具有健脾益肾，安胎的功效。

健康提示：大便燥结及中满痞胀者忌饮此茶。

7. 名称：南瓜蒂茶

材料：南瓜蒂3个。

制作方法：①将南瓜蒂切片，加水煎煮后去渣取汁。②从怀孕后半个月起代茶饮，每日1剂，可连续服用此茶5个月效果更佳。

保健功效：此茶具有安胎养气之功效。

健康提示：有习惯性流产的孕妇适饮此茶。

8. 名称：天冬茶

材料：天门冬（带皮）50克，红糖适量。

制作方法：①将天门冬洗净后加水约1000毫升煎煮。②待到煎煮至500毫升时加入适量红糖，代茶饮用。每日1剂，可连饮数日。

保健功效：此茶具有清热安胎之功效。

健康提示：风寒咳嗽及虚寒泄泻者禁止饮用。

9. 名称：当归藕节茶

材料：当归10克，藕节20克，红糖少许。

制作方法：将当归、藕节洗净后放入锅中加水煎汤，之后加入少许红糖，代茶饮用。

保健功效：此茶具有补血止血之功效。

健康提示：这款茶特别适用于女性朋友妊娠期间贫血时补血饮用。

10. 名称：当归黄精茶

材料：当归、黄精各10克，茶叶5克，红糖少许。

制作方法：①将当归、黄精及茶叶一同制成粗末，倒入杯中。②用沸水冲泡后加盖闷10分钟，加入适量红糖调至均匀，代茶饮用。

保健功效：这款茶具有补血填髓的效果，除了适用于妊娠贫血之用外，还适用于缺铁性贫血。

健康提示：具体选择何种茶叶请根据自身情况遵医嘱，脾胃不好者慎服此茶。

11. 名称：人参荔枝红枣茶

材料：人参2克，红枣7枚，荔枝干7枚。

制作方法：将人参、荔枝干和红枣一同加水煎汤，代茶饮用。

保健功效：这款茶具有很好的益气补血之功效，尤其适于气虚而导致的妊娠贫血。

健康提示：阴虚火旺及痰湿阻滞者，不宜饮用。

以上便是我们给孕妇朋友们推荐的数种保健茶饮。需要指出的是，各人都须根据自身的情况和体质去选择适合自己茶饮，怀胎十月，步步小心。我们也愿各位准妈妈们都能保持愉悦的心情，良好的生活习惯，健康的生活方式，用最好的状态去迎接我们新生命的诞生。

哺乳期女性的健康茶饮

说完了妊娠期的茶饮保健，下面我们就该说说女性朋友哺乳期的保健了。一般来说，哺乳期是指产后产妇用自己的乳汁喂养婴儿的时期，就是开始哺乳到停止哺乳的这段时间，一般长约10个月至1年。这期间，女性朋友的健康容易被很多疾患侵袭。

首先，乳腺炎就是产褥期的常见病之一，尤其是初产妇最容易患此病。这种病是乳腺的急性化脓性感染，是引起产后发热的原因之一。其次，产后腹痛也是新妈妈们大都会遇到的一个问题。由于妇女下腹部的盆腔内器官较多，出现异常时，容易引起产后腹痛。一般说来，引起女性下腹部疼痛的原因，可以分为月经周期相关引起的疼痛和非月经周期引起的下腹疼痛。再次，产后便秘也是最常见的产后病之一。产妇产后饮食如常，但大便数日不行或排便时干燥疼痛，难以解出者，称为产后便秘。一般出现产后便秘的原因有：体质虚弱、腹壁肌肉松弛、内分泌变化、肛门周围肌肉收缩力不足、缺乏活动等。最后，还有一个大家关注较多的，也是产妇的常见病理之一，即产后缺乳。产妇在哺乳时乳汁甚少或全无，不足够甚至不能喂养婴儿者，称为产后缺乳。此外，说完产后缺乳，那么就还有一个重要的问题不得不提——产后的回乳断奶了。回乳对于许多女性朋友来说是件十分麻烦而又痛苦的事情。

针对上述诸多高发问题，我们这里为广大哺乳期女性朋友推荐多款

优质的保健茶饮。你可以根据自己的情况来选择,从而远离病患威胁,成为一位健康快乐的新妈妈。这些茶的具体配方如下:

1. 名称:银花地丁茶

材料:金银花、紫花地丁各 30 克。

制作方法:①将金银花和紫花地丁加水煎汤。②去渣取汁,代茶饮用。

保健功效:这款茶能有效预防乳腺炎。

健康提示:气虚疮疡脓清及脾胃虚寒者忌服。

2. 名称:刘寄奴茶

材料:刘寄奴 60 克。

制作方法:①将刘寄奴加水煎煮。②去渣取汁,代茶饮用。

保健功效:这款茶具有活血行瘀、调经止痛之功效,且能有效防止乳腺炎。

健康提示:易患腹泻、脾胃弱、气血虚者慎用。

3. 名称:红糖胡椒茶

材料:胡椒 1.5 克,红糖 15 克,红茶 3 克。

制作方法:①将胡椒研磨成细末。②把红糖炒焦后加入胡椒末和红茶一同用沸水冲泡饮之。

保健功效:此茶具有止痢止痛,清热化滞之功效。

健康提示:阴虚有火者忌服此茶。

4. 名称:菊花根茶

材料:白菊花根 3 枚。

制作方法:①将白菊花根洗净后,放入杯中。②用沸水冲泡,代茶饮用。

保健功效:这款茶具有化瘀利水、清热解毒之功效。

健康提示:产后感受到湿热邪气而导致的小腹疼痛者适饮此茶。

5. 名称：导气通便茶

材料：葱白5克，芥末3克。

制作方法：①将葱白和芥末放入茶杯中，用沸水冲泡。②待温热后代茶饮用。

保健功效：这款茶具有不错的导气通便之功效。

健康提示：忌服大黄。

6. 名称：柏子仁茶

材料：柏子仁15克。

制作方法：①将柏子仁除去残留的外壳和种皮后研碎，瓷器贮存。②每日早晚各取15~20克，放保温杯中，冲入沸水盖闷15分钟后，即可饮用。

保健功效：这款茶具有生津润燥、养心安神、益智润肠之功效。

健康提示：大便溏泻者忌用。

7. 名称：番薯茶

材料：番薯500克，生姜2片，红糖适量。

制作方法：①将番薯削去外皮后切成小块。②加入适量清水，待煮至熟透时，加入红糖和生姜片继续熬煮片刻。③去渣取汁，代茶饮用。

保健功效：此茶具有宽中下气，生津润燥之功效。

保健提示：此茶不仅适用于产后便秘的妇女，同样适用于老人的肠燥便秘。

8. 名称：催乳汤

材料：党参15克，当归、红枣、王不留行各10克，北芪10克。

制作方法：①将以上五味茶材加水煎煮30分钟。②去渣取汁，代茶饮用。

保健功效：此茶具有良好的通乳效果。

健康提示：产后乳汁稀少或乳汁迟缓者，可服用此茶，效果明显。

9. 名称：猕猴根茶

材料：猕猴桃根 50 克，白糖 30 克。

制作方法：①将猕猴桃根加水煎煮 40 分钟。②去渣取汁后加入适量白糖，代茶饮用。

保健功效：此茶具有祛风利湿、活血下乳、清热解毒之功效。

健康提示：此茶尤其适用于产后缺乳的朋友服用。

10. 名称：豌豆红糖饮

材料：豌豆 100 克，红糖适量。

制作方法：①将豌豆用温水浸泡数日。②取之用微火熬煮 60 分钟，取汁后调入红糖，代茶饮用。

保健功效：此茶具有通乳的作用。

健康提示：由脾胃不和而导致的乳汁不下尤其适合饮用此茶。

11. 名称：枇杷回乳茶

材料：枇杷叶 60 克。

制作方法：①将枇杷叶放入锅中，加水 700 毫升，微火煎至 400 毫升。②去渣取汁后代茶饮用。早晚各服用一次，连续服用 2~6 日。

保健功效：此茶具有良好的回乳功效。

健康提示：请遵医嘱，在服用此茶期间妈妈应减少汤水的摄入，且不要再让孩子吸吮。

以上便是我们为各位新妈妈们精心准备的哺乳期间适合您饮用的健康茶饮，相信也一定会有几款适合您的特点和口味。

中年男士的健康茶饮

几乎每个年过 40 的中年男子，每天清晨一睁眼，就能感到肩头的重担，因为他是太太的好先生，儿子的楷模父亲，父母的孝顺儿子，社会的中坚力量。而这些中年男人最容易透支的就是健康。长此以往，各种各样的疾病就会悄然袭来。

总体来看，年过40的中年男人，记忆力开始衰退，性生活不和谐，啤酒肚鼓了出来；由于饮食结构不合理，脂肪高蛋白类丰富，蔬菜、水果缺乏，再加上饮酒吸烟等不良生活习惯，使得男性发生脂肪肝的概率大大增加；由于生活压力过大，勃起功能障碍及谢顶等都是高发之患。此外，他们还常常面临前列腺疾病、心血管疾病等威胁，严重危害健康与生活。

那么，这些中年男士朋友们该如何避开或走出自己的健康危机呢？首当其冲的，我们就要为中年男士进行饮食调节，使营养均衡摄入。在保证饮食的同时，工作之余喝上一杯有针对性的保健养生茶，也是非常不错的选择。

常用于男性日常保健的茶饮药材包括了枸杞子、沙苑子、西洋参以及龙眼肉等。这里，我们为大家挑选几款专门为中年男士准备的保健养生茶饮，你可以根据自己的具体情况进行选择。

1. 名称：沙苑子茶

材料：沙苑子10克。

制作方法：①将沙苑子洗净后捣碎，放入茶杯中。②用沸水冲泡10分钟后便可饮用。

保健功效：此茶具有涩精止遗，补肾益肝的效果。很多中年男士不免会有阳痿不举、虚劳泄精、腰膝酸软等症状，饮用此茶改善效果明显。

健康提示：相火炽盛，阳强易举者忌服。

2. 名称：韭菜子茶

材料：韭菜子20粒，食盐少许。

制作方法：①将韭菜子与适量食盐一并放入锅中。②加入清水煎汤，去渣取汁。代茶饮用。

保健功效：此茶具有益肾固精、养阴清心之功效，对于许多中年男士的遗精早泄、房事不振、心胸烦闷等现象具有较好的缓解和治疗效果。

健康提示：阴虚火旺者忌服。

3. 名称：爵床红枣汤

材料：红枣 30 克，鲜爵床草 100 克（干者 50 克）。

制作方法：①将鲜爵床草洗净后切碎，与红枣一并放入锅中，加水 1000 毫升煎煮。②待将水煎至约 400 毫升时取药汁。③吃枣，代茶饮用。

保健功效：此茶具有利水解毒之功效，可有效预防和治疗前列腺炎。

健康提示：①不宜多饮，上述方剂每日 1 剂，分 2 次饮用即可。②脾胃虚寒、气血两虚者不宜饮用。

4. 名称：益阳茶

材料：枸杞子 12 克，山茱萸、淫羊藿、沙苑子各 9 克，五味子 5 克。

制作方法：①将这五味药研磨成粗末后，用纱布包好，置于大茶杯中用沸水加以冲泡。②闷泡 10 分钟，代茶饮用。

保健功效：此茶具有助阳益智、滋肾补肝之功效。由于阳虚者所导致的困倦乏力、神经衰弱以及记忆力减退等病症都适合于饮用此茶。

健康提示：具体服用剂量请遵医嘱，不宜超量服用。

5. 名称：菊花龙井茶

材料：菊花 10 克，龙井茶 5 克。

制作方法：①在茶杯中放入菊花和龙井茶，调匀后用沸水冲泡。②闷泡 10 分钟，代茶饮用。

保健功效：此茶具有清肝明目、疏散风热之功效，对慢性肝炎、早期高血压、结膜炎以及风热头痛还具有辅助治疗作用。

健康提示：胃寒食少者不宜过量饮用此茶。

6. 名称：龙眼洋参茶

材料：龙眼肉 30 克，西洋参 6 克，白糖 3 克。

制作方法：①将龙眼肉与西洋参一并放入炖锅内，加水约 200 毫升。②先用武火炖煮，水沸后再转用文火煎煮 15 分钟即可。③食用时加入些许白糖调匀。每日1次,每次50毫升,代茶饮用。

保健功效:此茶具有益智安神,补气养血之功效。多用于治疗神疲乏力、心悸气短、劳累过度以及失眠多梦的患者,也同样适用于老年气血两亏者。

健康提示:在冲泡和煮制的过程中最好不要使用金属锅,金属锅会让药效大打折扣。

男人的中年危机跟更年期的妇女一样,切不可大意。往往很多老年的疾病就是在这个时期不经意间造成的。因此我们要学会关爱自己,关爱家人的健康。顺利地度过中年,我们的家庭才会更加和谐、幸福。希望以上几款茶饮能对您有所帮助。

亚健康人群的健康茶饮

随着社会的发展,科技的进步,生活节奏的加快,文化、物质生活的丰厚以及情感的变化等诸多因素,亚健康状态已困扰着社会各阶层的不同年龄的男女老幼。

茶能改善亚健康状态

为什么会这样呢?答案很简单。如今的人们,尤其是当代都市中人,长期夜生活的颠倒,以车代步,缺少锻炼,饮食肥甘厚味……最终导致自身营养失调,微量元素及维生素不足,再加上激烈的社会竞争等,无论是身体还是心理,很容易进入亚健康状态。

科学地讲,亚健康是一种临界状态,界于健康与疾病之间的状态,故又有"次健康""第三状态""中间状态""游移状态""灰色状态"等称谓。处于这一状态的人,虽然没有明确的疾病,但却出现精神活力和适应能力的下降，如果这种状态不能得到及时的纠正，非常容易引起心身疾病。例如，心理障碍、胃肠道疾病、高血压、冠心病、癌症、性功能下降、倦怠、注意力不集中、心情烦躁、失眠、消化功能不好、食欲不振、腹胀、心慌、胸闷、便秘、腹泻、感觉很疲惫，甚至有欲死的感觉，等等。

由于这一状态中的人们并无器官上的问题，所以主要是功能性的问题。初期处于亚健康状态的人，除了疲劳和不适，不会有生命危险。但如果碰到高度刺激，如熬夜、发脾气等应激状态下，这类人很容易出现猝死。

对此，这类人该如何养生并从亚健康状态步入健康状态呢？下面这几款亚健康人士的保健养生茶就可以给你一定的帮助。

1. 名称：莲心枣仁茶

材料：酸枣仁 10 克，莲子心 5 克。

制作方法：①将酸枣仁和莲子心倒入茶杯中。②用沸水冲泡，加盖闷 10 分钟。代茶饮用。

保健功效：此茶具有清心安神的功效，同时可有助于睡眠。

健康提示：大便燥结者不宜饮用。

2. 名称：安神茶

材料：石菖蒲 3 克，龙齿 9 克。

制作方法：①将龙齿加水后煎煮 10 分钟。②加入石菖蒲一并煎煮 15 分钟，去渣取汁。③代茶饮用，每日 1～2 剂。

保健功效：此茶具有宁心安神的功效，适用于癫痫、癫狂、心神不宁、劳神过度、失眠、多梦、神经衰弱、心悸等。

健康提示：①阴虚阳亢、烦躁汗多、咳嗽、吐血、精滑者慎服。②感冒发烧者忌服此茶。

3. 名称：红参交藤茶

材料：夜交藤 30 克，红参 3 克。

制作方法：将上两味药加水煎汤。代茶饮用。

保健功效：这款茶可以安神智，补血气。

健康提示：①此茶不宜与五灵脂、藜芦一同饮用。②不可与山楂、萝卜、茶叶以及黑豆同食。③热证、实证者忌服。

4. **名称：灯心草茶**

材料：灯心草 20 克。

制作方法：①将灯心草放入锅中，加水适量，煎煮。②待水沸腾后，去渣取汁。代茶饮用。

保健功效：此茶具有清心降火的功效，而且适用于治疗内热失眠、心烦、夜不能寐以及小儿夜啼。

健康提示：中寒小便不禁、气虚小便不禁以及虚寒者慎饮。

5. **名称：静心提神茶**

材料：迷迭香、薄荷、菩提子、洋甘菊各 3 克。冰糖或蜂蜜适量。

制作方法：①将上述药材一并加以沸水冲泡 3～5 分钟。②加入适量冰糖或蜂蜜。代茶饮用。

保健功效：此茶具有清热润喉、静心安神的功效。

健康提示：脾胃虚寒者应慎用此茶。

6. **名称：芝麻红糖茶**

材料：芝麻 5 克，绿茶 1 克，红糖 25 克。

制作方法：①将芝麻炒熟，研末。②与绿茶和红糖一并用沸水冲泡 5 分钟。代茶饮用。每日 1 剂，分 3 次服用。

保健功效：此茶具有养心安神之功效，对于入睡困难、记忆力减退的患者尤为适用。

健康提示：①芝麻千万不要炒焦。②大便溏泻者不宜饮服此茶。

7. **名称：百合红枣茶**

材料：百合 1 个，生红枣 15 克，熟红枣 15 克。

制作方法：①将红枣放入锅中。②加适量清水煎煮，去渣取汁。③用取出来的汁液将百合煮熟，连汤一并食用。

保健功效：此茶具有养心安神之功效。植物神经紊乱、更年期综合征者，以及血虚失眠多梦者特别适合于服用此茶。

健康提示：不宜多饮，否则伤肺。

8. 名称：龙眼枣仁茶

材料：龙眼肉 10 克，芡实 12 克，炒枣仁 10 克。

制作方法：①将三味药洗净后加清水合煮 2 次。②每次 30 分钟。③取汁代茶饮用。

保健功效：此茶具有健脑益智，补脾安神的作用。

健康提示：大便秘结及内热患者忌用。

9. 名称：核桃苹果茶

材料：核桃仁 60 克，苹果 2 个，红糖适量。

制作方法：①将苹果洗净后去皮剁碎。②与核桃仁一并放入锅中，加水适量。③先用大火煮沸，再改用小火熬煮 30 分钟。④加入适量红糖调至均匀。每日 2 次代茶饮用。

保健功效：这款茶具有健脑益智、滋补养神的功效，尤其适用于心慌健忘、夜寐梦多、心脾气虚的患者饮用。

健康提示：阴虚火旺、痰热咳嗽及便溏者不宜饮用此茶。

乐活族的健康茶饮

乐活族又称乐活生活、洛哈思主义、乐活，是一个西方传来的新兴生活形态族群，由音译 LOHAS 而来。他们以健康及自给自足的形态过生活，强调"健康、可持续的生活方式"。

客观而言，"乐活"不只是一种环保理念、一种文化内涵、一种时代产物，更是一种贴近生活本源、自然而精致的健康生活态度。中国传统文化与祖国医学都主张天人合一，即强调人的存在与自然存在的统一性，其实就是乐活的一种体现——注重健康养生、天然环保又可持续发展的生活方式。

而茶作为国人生活中不可或缺的饮品，乐活族更是可以以其来修身健身、养心养性，从而活出健康又雅静的生活。

具体来说，乐活族的朋友在早上最适合饮一杯清新早茶，其中以绿茶为优。要知道，清晨在家中或办公室里泡上一杯淡淡的绿茶，你不仅可以头脑清醒、神清气爽，还能有效抵御辐射等不良影响。

精气神足了，我们一上午的工作、学习，甚至是休闲娱乐等，都会显得轻松快乐。不过对于乐活族的朋友们，每日仅早上这一杯清新早茶还不够。中午饱餐之后，我们最好在下午的时候饮上一杯休闲下午茶。下午茶的概念和习惯最早是从国外传进来。那时流行这样一句话："人生易老，下午茶不老"。其实只要是能够腾开手，每一位乐活族的朋友都应该抽出时间为自己泡一杯下午茶，享受片刻的休憩。这里，我们为大家推荐西洋甘菊、菩提子与薰衣草相配伍的健康茶。你在下午略有困意或疲乏之余，饮上这样一杯保健茶，可以让疲劳感顿时大减、甚至消失，尤其是在下午两三点的时候饮用，感觉非常不错。

享受完惬意的下午，乐活族一天的健康茶饮生活其实仍没有画上句号。到了晚上，乐活族的朋友享受完美味的晚餐，还应该为自己来一杯饭后消化茶饮。有人说晚上不适合喝茶，否则容易兴奋而导致失眠。其实这种说法并不全对，应该说是睡前不宜饮茶。但在饭后、睡前两三个小时的时候喝一杯促消化茶饮，还是大有益处的。在此我们为广大乐活族的朋友推荐由茉莉花、山楂等组成的健康茶，可以让你晚餐时吸收的油腻慢慢消失殆尽，从而减轻你的肠胃负担。

下面，我们一起来看看这些健康茶饮的具体做法：

1. 名称：清新早茶

材料：绿茶粉1包，蜂蜜适量。

制作方法：①将绿茶粉放入茶杯中。②倒入温水冲泡，可根据个人口味加入适量蜂蜜。

保健功效：此茶具有清新口气，提神益脑之功效。

健康提示：①早晨起床喝绿茶，最好在吃完早餐后的半小时到 1 小时再喝。①长期空腹饮食绿茶，对胃会有一定的刺激作用。

2. 名称：休闲下午茶

材料：西洋甘菊、菩提子、薰衣草各 3 克。

制作方法：①将上三味茶材装入袋中绑紧成茶包。②将茶包放入杯中冲泡适量温水。③代茶饮用。

保健功效：此茶具有清热润喉，消除疲劳之功效。

健康提示：此茶不宜过多饮用，因花茶属寒性，喝多了容易体虚、过敏、咳嗽。

3. 名称：饭后消化茶

材料：茉莉花 2~3 朵，山楂、决明子各 7 克，蜂蜜适量。

制作方法：①将茉莉花、山楂与决明子一同捣碎。②用热水冲泡。③去渣取汁，加入适量蜂蜜后代茶饮用。

保健功效：此茶具有改善胃酸过度导致的慢性胃炎、肠胃胀气、消化不良等症状。

健康提示：此茶不宜饭后立即饮用。

最后还要提醒的是，无论您选择哪种茶饮，也无论您在一天中的哪个时段选择茶饮，这都不是最重要的。最重要的是您保持一颗积极健康，乐观向上的生活态度。只有这样，再配上我们的健康茶饮，您也会逐渐变成乐活族中的一员。

下篇

美丽花草茶，留住青春芳华

　　花草茶，顾名思义，就是以花或草本类为茶，泡制出别具一格、风味独特的花式茶饮。花草茶不仅色泽诱人、味道芳香，而且它还具有很好的美容养颜、纤体瘦身等功效。在追求绿色健康的今天，花草茶成了人们必备的饮品之一，特别是受到众多女性的青睐。各式各样的花、草组成了功效不同的茶饮，在这一花一草的世界，蕴含着茶饮文化的新特色。

第一章

美容润肤茶饮

　　花草茶是一道纯天然的绿色健康饮品，特别是近年来，都市女性掀起了一股喝"花草茶"美容润肤的时尚热潮。花草茶种类繁多，功效各异。经医学研究发现，多种鲜花有淡化脸上的斑点，抑制脸上的暗疮，延缓皮肤衰老，增加皮肤弹性与光泽等美容功效。将这类鲜花与绿色草本植物、水果等搭配成"美容润肤茶饮"，在色彩缤纷、香馨沁人的茶中不仅让人们享受到美容润肤的功效，而且还享受到了精神上的愉悦、轻松。

润白雪奶红茶

　　润白雪奶红茶，顾名思义，就是一款美白效果极佳的润肤花茶。选用香浓美味的牛奶，搭配浓郁芬芳的玫瑰花，在香气中享受"肤如凝脂"的美，可以说是美白肌肤的"圣品"，长期饮用，效果十分显著。

　　玫瑰花和牛奶是大多数女生所迷恋的美容养颜"武器"，小洁就是一位"牛奶控"。她不仅喝牛奶，还用牛奶洗脸、甚至有时候用牛奶泡澡。后来她得知用牛奶泡花茶，与玫瑰同饮，更能滋润肌肤。于是她就每天制作这款"润白雪奶红茶",现在人人都叫她"白雪公主",那"吹弹可破"的水灵肌肤就是这样喝出来的。此茶不仅营养丰富、味道鲜美可口,而且制作也很简便。

接下来,我们就给大家具体介绍一下这款"润白雪奶红茶"。

名称:润白雪奶红茶

材料:鲜牛奶200克,玫瑰花5克,红茶3克,蜂蜜适量。

制作方法:①将玫瑰花与红茶一同放入干净的茶杯中,倒入150毫升的沸水,加盖冲泡5分钟至散发出香气。②然后滤去茶渣,留取茶汁,将200克的鲜牛奶倒入茶汁中,一起混合搅匀。③最后加入适量的蜂蜜调味,搅拌均匀后即可饮用。

保健功效:牛奶的营养十分丰富,含有大量的蛋白质、维生素、脂肪、乳糖及钙、铁、镁、锌等多种矿物质元素。特别是含有较多B族维生素,它们能滋润肌肤,保护表皮、防裂、防皱,使皮肤光滑柔软、娇嫩白皙,从而起到美白肌肤的美容作用。此外,牛奶中所含的铁、铜和维生素A,也有美容养颜作用,可使皮肤保持光滑滋润。牛奶中的乳清对面部皱纹有消除作用。牛奶还能为皮肤提供封闭性油脂,形成薄膜,以防皮肤水分蒸发,给肌肤提供所需的水分,是一道天然的美白润肤佳品。而玫瑰花也含有丰富的维生素,能改善因内分泌失调引起的皮肤粗糙、黯淡,可调理气血,促进血液循环,具有美白养颜的功效。将牛奶和玫瑰花搭配,再加入适量排毒养颜、滋润肌肤的蜂蜜,这款"润白雪奶茶"的美容润肤功效更佳,是女性拥有白皙润滑肌肤的首选饮品。

健康提示:不可空腹服用此茶,也不可在此茶中加入果汁混合饮用。老年人不宜多喝此茶。

杞枣冰糖养颜茶

枸杞、红枣的美容养颜功效众所皆知,自古以来就是滋补养颜的上品,特别是补血养颜的作用显著,更有民间俗语"每天三颗枣,青春永不老"一说,枸杞也因其具有美容养颜的功效,又被称之为"却老子"。

将枸杞、红枣两大养颜圣品搭配在一起泡制而成的"杞枣养颜茶"是人们美容的必选饮品。此外，这款枸杞红枣花草茶还是滋补保健的良方，在美容养颜的同时，又具有补中益气、滋补肝肾的保健功效。

名称：杞枣冰糖养颜茶

材料：枸杞6粒，红枣3颗，冰糖适量（依个人口味酌情增减）。

制作方法：①首先将枸杞、红枣用清水洗净，一同放入干净的茶杯中。②将150毫升的沸水倒入杯中，冲泡5~8分钟。③待枸杞、红枣泡好后，放入适量的冰糖粒调味，并搅拌均匀，放温后即可饮用。

保健功效：枸杞含有丰富的枸杞多糖、脂肪、蛋白质、氨基酸、甜菜碱、维生素、矿物质等，特别是类胡萝卜素含量很高，可以有效补充人体所需的营养元素，提高机体免疫力。不仅如此，枸杞还具有美容养颜、补气强精、滋补肝肾、延衰抗老、降血压、降血脂、止消渴、抗肿瘤的功效。其与红枣搭配而成的"杞枣冰糖养颜茶"，兼枸杞与红枣的功效于一体，是人们补血养颜、补中益气的最佳选择。

健康提示：①枸杞温热身体的效果很强，因此患有感冒发烧、高血压、身体有炎症的人慎食。②脾胃虚寒，腹泻腹胀者忌食枸杞。③红枣糖分丰富，糖尿病患者应少食。④枣皮纤维含量很高，不容易消化，食用过多容易胀气，特别是肠胃道不好的人一定不能多吃；牙病患者及便秘患者需慎食；湿热重、舌苔黄的人也不宜食用红枣。⑤红枣忌与海鲜同食，以免引起身体不适。

柠檬甘菊美白茶

拥有雪白通透的肌肤是众多女性梦寐以求的目标，有句俗语说得好——"一白遮三丑"。但并不是所有的女孩都能像"白雪公主"般有着雪白的肌肤，有些人是与生俱来的黑，还有一些人是因为后天的生活环境造成皮肤变黑。那么，怎样才能美白肌肤呢？市面上层出不穷的美白护肤品、美白秘方等，让人眼花缭乱，效果也各有差异，甚至有一些产品在使用后引起了皮肤的过敏，给肌肤造成一定的伤害。

◀◀ 下篇 美丽花草茶，留住青春芳华 ▶

倩倩夏天在海滩度假，皮肤被晒黑，于是她使用了各种各样的美白护肤品、吃了许多美白的食品，不仅没有收到美白的效果，反而让原本光洁的脸上冒出了不少痘痘和红血丝。正当她感到万分苦恼的时候，无意间得知了一道关于美白护肤的花茶，也就是这款"柠檬甘菊美白茶"。她坚持长期服用，两个月后脸上的痘痘神奇地消失了，红血丝也淡化了，更让她感到高兴的是皮肤也变白了一些，朋友们见了她都说变得年轻漂亮了。

其实，"柠檬甘菊美白茶"就是将酸甜爽口的柠檬与清香淡雅的甘菊一起冲泡，加入几粒美容养颜的枸杞。虽然制作简单，但它不仅增加了茶的色泽和营养，而且美白润肤的功效也十分显著，长期食用，效果甚佳。

名称：柠檬甘菊美白茶

材料：柠檬2片，洋甘菊4克，枸杞6粒。

制作方法：①首先将枸杞洗净，与洋甘菊一同放入茶杯中。②将400毫升的沸水倒入茶杯中，冲泡3~5分钟。③待洋甘菊泡开后，加入柠檬片，放温即可饮用。

保健功效：柠檬的营养价值极高，富含多种维生素，特别是水溶性维生素C的含量极高，是美容的天然佳品，具有很强的抗氧化作用，对促进肌肤的新陈代谢、延缓衰老及抑制色素沉着等十分有效，具有很好的美白作用。柠檬中还含有丰富的有机酸、柠檬酸，其中柠檬酸与钙中和，可大大提高人体对钙的吸收率，增加人体骨密度，进而预防骨质疏松症。此外，柠檬还含有钙、钾、锌、镁等多种人体必需的微量元素。而洋甘菊有镇定肌肤、保护敏感性肌肤、明目、退肝火、治疗失眠、降低血压的功效，可治疗焦虑和紧张造成的消化不良，且对神经痛及月经痛、肠胃炎都有所帮助，安抚焦躁不安的情绪、治疗便秘、舒解眼睛疲劳等。再加上枸杞的益气养颜功效，长期饮用这道"柠檬甘菊美白茶"可以增强皮肤的抗敏性、增加肌肤的光泽度，达到很好的美白养颜功效。

健康提示：①柠檬中含有大量的有机酸、柠檬酸，因此胃溃疡患者以及胃酸分泌过多者忌食；且患有龋齿者和糖尿病患者也需慎食。②洋甘菊有通经的效果，孕妇避免饮用。③消化不良、腹胀腹泻、脾胃虚弱者不宜食用枸杞。

桃花消斑茶

许多朋友脸上都有着斑的困扰，在洁白光滑的肌肤上却长着一片片斑点，直接影响着美丽的容颜。19岁的玉菲有着一张精致可爱的娃娃脸，可是在脸颊上却有两大片黄褐色的雀斑，漂亮的脸蛋一下就减了不少分数。花样年华的她也因此被一些男生嘲笑成"黄脸婆"，这让玉菲深受打击，后来在去乡下奶奶家的时候，村里的大妈告诉了她一款绿色健康的消斑秘方，用干桃花与橘皮、冬瓜仁一起泡制成茶，每天适量饮用，长期坚持，斑就会慢慢淡化直到消除。她抱着试试的心态，每天坚持饮用这款"桃花消斑茶"，半年后脸上的雀斑淡化了许多，不仔细凑近看根本看不出。就是这么简单的几道食材，搭配成这么一款神奇的"桃花消斑茶"，让不少朋友获得了更美的容颜。

名称：桃花消斑茶

材料：干桃花5朵，冬瓜仁6克，橘皮、蜂蜜适量（依个人口味酌情增减）。

制作方法：①首先将冬瓜仁用清水洗净，取一干净的锅，置于火上，把洗净的冬瓜仁放入锅中用微火炒香至黄白色，盛出晾凉备用。②将橘皮切成细丝（取3-5根丝即可），待用。③将桃花、橘皮丝、冬瓜仁一同放入干净的茶杯中，倒入300毫升的沸水冲泡10分钟左右。④待茶温后，加入适量蜂蜜搅拌均匀，即可饮用。

保健功效：冬瓜仁含有脂肪油酸、瓜胺酸等成分，有淡斑的功效，对美化肌肤有较好的效果。在《日华子本草》一书中关于冬瓜仁的功效记载：去皮肤风剥黑䵟，润肌肤。蜂蜜也有很好的美容润肤作用。长期服用上述两者与具有美颜润肤功效的桃花搭配而成的"桃花消斑茶"，可令肌肤光泽有弹性，慢慢淡化直至消除面部斑点。

健康提示：桃花、蜂蜜都有很好的通便效果，因此肠胃不好，腹泻者忌服；孕妇也不可饮用此茶。

桑叶美肤茶

相传在宋代的某一天,严山寺来了一位游僧。他身体瘦弱而且胃口极差,每夜一上床入寐就浑身是汗,醒后衣衫尽湿,甚至被单、草席皆湿。为此,他四处寻医问药,但二十几年来均无果。他到了严山寺以后,监寺和尚得知了他的病情,对他说:"不要灰心,我有一祖传验方,治你的病保证管用,还不花你分文,也没什么毒,何不试试?"游僧听了表示愿意。于是,第二天天刚亮,监寺和尚就带着他来到一棵桑树下,趁晨露未干时,采摘了一把桑叶带回寺中。监寺和尚叮嘱他要焙干研末后每次服二钱,空腹时用米汤冲服,每日1次。游僧照做了,但令他没有想到的是,连服3日后,缠绵自己二十几年的沉疴竟然痊愈了。游僧与寺中众和尚无不惊奇,佩服监寺和尚药到病除。

其实,这虽然只是个传说,但其中的桑叶确实存在。桑叶又称霜桑叶,农历节气霜降前后采摘,在我国有着悠久的种植历史,如今全国大部分地区均有种植。它味甘、苦,性寒,无毒,入肝、肺经。关于桑叶治病入药,应该说始于东汉。《神农本草经》里将它列为"中品",其意是养性,同时还指出"桑叶除寒热、出汗"。不仅如此,《丹溪心法》中亦有"桑叶焙干为末,空心米汤调服,止盗汗"的语录。近年来,现代中医也对桑叶进行了更为深入的研究,并将它列入辛凉解表类药物中,作疏风清热、凉血止血、清肝明目之用。

说得通俗些,桑叶自古以来就被用作药材来治病,具有很好的滋补保健功效,素有"人参热补,桑叶清补"之美誉。而相比它的药用价值,我们更为熟知的是,桑叶用来饲养蚕,是蚕的主要食材。后来经科学烘焙等工艺将桑叶制成茶叶来饮用,除去了桑叶中有机酸的苦味、涩味,经开水冲泡后口味甘醇、清香怡人、茶汁清澈明亮,尤其是对一些不宜饮茶的人提供了一种新型的饮品,在饮用桑叶茶过程中得到一定的保健效果。

名称:桑叶美肤茶

材料：干桑叶5克。

制作方法：①将干桑叶稍微过水洗净，沥干水分后撕成碎片放入茶包中，备用。②将备好的桑叶包放入干净的茶杯中，加入200毫升的沸水冲泡约5分钟，滤出茶包即可饮用。

保健功效：桑叶中富含黄酮化合物、酚类、氨基酸、有机酸、胡萝卜素、纤维素、维生素及铁、锌、铜等多种人体必需的微量元素，这些物质对改善和调节皮肤组织的新陈代谢，特别是抑制色素沉着的发生和发展均有积极作用。它们可以减少皮肤或内脏中脂褐质的积滞，对脸部的痤疮、褐色斑都有比较好的疗效。同时，桑叶还有很好的清热解毒作用，长期饮用可以排除体内毒素，增加皮肤光泽。此外，桑叶在降压、降脂、降低胆固醇、抑制脂肪积累、抑制血栓生成、抑制有害的氧化物生成、抗衰老等方面同样疗效显著，其最突出的功能是防治糖尿病，对头晕眼花、眼部疲劳、痢疾、水肿等也有一定的疗效。所以，常饮这种简单泡制的桑叶美肤茶，既可以收获白皙水嫩的肌肤，又可以收获清爽与健康，何乐而不为呢？

健康提示：桑叶性寒，故脾胃虚寒者慎服此茶。

桂花润肤茶

在我国，桂花有着悠久的种植历史，自古以来都深受人们的喜爱，在众多文学作品中都有关于对桂花的赞美。桂花不仅具有极高的观赏价值，而且还有着广泛的药用价值，此外，桂花也是一道美味的食材，经常被人们用来制作成糕点、糖果、茶饮等。到了八月桂花飘香的季节，采上新鲜的桂花用阳光晒干成花茶，每日取一些与乌龙茶搭配成"桂花润肤茶"，在享受桂花茶香的同时，又达到美容润肤的功效。特别是在皮肤干燥的秋冬季节，坚持饮用，补充皮肤水分，让肌肤莹润光泽。

名称：桂花润肤茶

材料：干桂花3克，乌龙茶2克，蜂蜜适量（依个人口味酌情增减）。

制作方法：①首先将桂花与乌龙茶一同放入干净的茶壶中。②将400毫升的沸水倒入壶中，加盖冲泡约5分钟。③待茶泡好后，加入适量的蜂蜜，搅拌均匀，倒入茶杯中即可饮用。

保健功效：桂花中含挥发油，其中有β-水芹烯、橙花醇、芳樟醇，这些物质在美白肌肤、排解体内毒素等方面有较好的药用价值。而且桂花含有的月桂酸、肉豆蔻酸、棕榈酸、硬脂酸等物质也对美白肌肤、改善肤质有一定的作用。

桂花润肤茶

中医还指出，桂花性温、味辛，有温中散寒、暖胃止痛、化痰散瘀、养生润肺、维护心血管的功能，对血管硬化及高血压等症有缓解作用，对食欲不振、痰饮咳喘、痔疮、痢疾、经闭腹痛也有一定的疗效。脾胃虚寒及脾胃功能较弱的人可以适当饮用桂花茶温胃。乌龙茶中含有丰富的氨基酸、维生素、有机酸、糖类、茶多酚、蛋白质以及矿物质等营养物质，不仅可以补充人体的能量，具有降压降脂等保健功效，而且还具有美容作用。所以长期饮用这款"桂花润肤茶"，可以活气补血，消除皮肤黯沉，改善气色，具有很好的亮肤效果。

健康提示：胃脘灼热疼痛、口干舌燥、食欲低下、小便色黄等症状的脾胃湿热患者不适合饮用此茶。

勿忘我茶

勿忘我花没有牡丹雍容华丽的外表，也没有茉莉浓郁香醇的味道，但是它的清新淡雅让人们感受到别具一格的风味。关于勿忘我花还有一段动人的浪漫传说，相传一位德国骑士与他的恋人漫步在多瑙河畔。散步途中看见河畔绽放着蓝色花朵的小花。骑士不顾生命危险探身摘花，不料失足掉入急流中。自知无法获救的骑士，在最后用深情的双眼与恋人说了一句"别忘记我"，于是把那朵蓝色透明的花朵扔向恋人，随即消失在水中。此后骑士的恋人日夜将蓝色小花配戴在发际，以显示对爱人的不忘与忠贞。而那朵蓝色透明花朵，便因此被称作"勿忘我"。此花后来被人们发现其食用价值和药用功效，开始作为花茶来饮用。在炎炎夏日，饮上一杯勿忘我茶，不仅令人神清气爽，而且能享受到淡淡花香中充满的浪漫色彩，最为重要的是勿忘我茶独特的美容润肤功效，让我们越喝越美丽。

名称：勿忘我茶

材料：干勿忘我花3朵，绿茶10克，蜂蜜适量。

制作方法：①将勿忘我花与绿茶混合后，放入干净茶杯中。②将200毫升的沸水倒入茶杯中，加盖闷泡3分钟。③待勿忘我花与绿茶充分散发出阵阵清香后，加入适量蜂蜜调味，搅拌均匀即可饮用。

保健功效：勿忘我花富含维生素C，可延缓细胞衰老，减少皱纹及黑斑的产生，特别是对雀斑、粉刺有一定的消除作用，能美白肌肤。勿忘我具有美容养颜、清热解毒、清肝明目、滋阴补肾、补血调经、促进肌体新陈代谢、提高免疫力、抗病毒、抗癌防癌的功效。适用于肺风粉刺、疔疮疖肿、皮肤粗糙、视物昏花、大便秘结、小便短黄等症。其与被尊为"天然美容圣品"的绿茶相配伍，可以更好地发挥绿茶中茶多酚和维生素美化肌肤的作用——补充水分、紧实肌肤、清除面部的油腻、收敛毛孔、消毒、杀菌、抗衰老、减少紫外线辐射对皮肤的损伤等。所以选用勿忘我配以绿茶制作成的"勿忘我茶"，其美容润肤、补血养颜的功效甚佳，是健康女性的首选饮品。

健康提示：孕妇忌服此茶。

清香美颜茶

许多人在饮茶时特别讲究茶的味道，一般清香淡雅的花茶深受人们喜爱，在休闲惬意的时光中，品上一杯清香的美颜茶，简直就是一种艺术的享受。这款"清香美颜茶"选用甘香微苦的洋甘菊、淡雅清香的苹果花、养颜补血的枸杞粒和酸甜可口的柠檬汁一起冲泡而成,是一道色、香、味俱全的美颜饮品。

名称:清香美颜茶

材料:洋甘菊 3 克,苹果花 3 克,枸杞 3 克,鲜柠檬 1 片。

制作方法:①首先将枸杞用清水洗净,沥干备用。②将洋甘菊、苹果花和备好的枸杞一同放入干净的茶壶中,倒入 300 毫升的沸水,加盖闷泡 3~5 分钟至洋甘菊、苹果花充分泡出香味。③待花茶泡好后,取鲜柠檬片挤出果汁放入茶杯中;然后将适量花茶倒入杯中;最后把整个柠檬片也泡进茶杯中,搅拌均匀即可饮用。

保健功效:唐代名医孙思邈曾说苹果花可"益心气";元代忽思慧认为苹果花能"生津止渴";清代名医王士雄称苹果花有"润肺悦心,生津开胃,醒酒"等功效。经现代药理学研究发现,苹果花中含有一种多酚类,极易在水中溶解,因而易被人体所吸收。苹果酚有抗氧化的作用,能祛痘美白、具有美容养颜的功效。此外,常饮苹果花还能够抑制血压上升,预防高血压。苹果花能补血活血、帮助消化、健胃整肠、调理气血、明目、解毒、治疗神经痛、治疗肝斑、黑斑、面疱、粉刺等症。其与能够加速分解黑色素、提升肌肤美白效果的洋甘菊相互搭配入茶,并补以具有抗氧化作用的柠檬和具有补血养颜作用的枸杞,可以彻底从内到外对皮肤进行呵护。所以这道"清香美颜茶"美白养颜、滋润肌肤的效果极佳,而且也特别适合敏感性肌肤患者饮用,在增强皮肤抗敏性的同时,又实现肌肤的健康美丽。

健康提示:①洋甘菊有很好的通经效果,孕妇忌服。②胃酸分泌过多及胃溃疡患者慎食柠檬。

薏仁净白茶

在众多美白食品中,薏仁的净白效果可以算得上是首屈一指的。薏仁是薏苡去除外壳和种皮的种仁,既归属于五谷杂粮类,又是很好的中药材。民间对于薏仁的评价甚至要高过灵芝草。

一到酷热炎炎的夏季，人的皮肤就很容易被晒黑，并且中暑等症状也常常出现，这让许多户外运动爱好者不敢过多地外出。如果你想要亲近大自然，却又担心肌肤变黑以及炎热中暑的问题，那么，"薏仁净白茶"就是你的不二选择。薏仁搭配清新的荷叶、酸爽的山楂，不仅在口感上清爽诱人，其独特的美白、解暑功效也是备受人们青睐的重要原因。

名称：薏仁净白茶

材料：炒薏仁4克，干荷叶4克，干山楂片6克。

制作方法：①首先准备好炒薏仁，将生薏仁洗净，放入锅中，置于火上，用文火炒至表面呈微黄色，略鼓起，散发出香味时，即可取出备用。②将干荷叶、干山楂片及备好的炒薏米一同放入干净的茶杯中，倒入300毫升的沸水冲泡约5分钟。③待泡好后，去渣取茶汤，温饮即可。

保健功效：薏仁富含氨基酸、蛋白质、水溶性纤维素、维生素、糖类及多种矿物质等营养元素，其中蛋白质、维生素B_1、维生素B_2有使皮肤光滑、减少皱纹、消除色素斑点的功效，尤其是所含的蛋白质分解酵素能使皮肤角质软化；维生素E有抗氧化的作用，具有自然美白效果，能提高肌肤新陈代谢与保湿的功能。长期饮用，在美白的同时又能治疗褐斑、雀斑、粉刺，使斑点消失并滋润肌肤，有治疣平痘、淡斑美白、润肤除皱等美容养颜功效。《本草纲目》谓薏仁："健脾益胃、补肺清热、祛风胜湿、养颜驻容、轻身延年。"此外，薏仁还能促进体内血液和水分的新陈代谢，有活血调经止痛、利尿、消水肿的作用。每天食用50~100克的薏仁，可以降低血中胆固醇以及三酸甘油酯，并可预防高血脂、高血压、中风、心血管疾病以及心脏病。它与具有清热降压的荷叶、具有活血消食的山楂相配伍而成的"薏仁净白茶"，既能够美白润肤，又可清热解暑、预防多种疾病，是夏季必备的美容保健饮品。

健康提示：①脾虚无湿，大便燥结及孕妇慎服薏仁。②体脾胃虚弱者、体瘦气血虚弱者慎服荷叶。③胃酸分泌过多者勿空腹食用山楂，且孕妇忌服，因为易促进宫缩，诱发流产。④此茶不可与桐油、茯苓同用。

金莲菊花茶

"仙葩生朔漠,当暑发其英,色映金沙丽,香芬玉井清,倚风无俗艳,含露有新荣,试植天池侧,芙蕖敢擅名。"这是清朝诗人胡会恩在《咏金莲花》诗中的描述,把金莲花比作天宫瑶池边的芙蓉之美。金莲花不仅有观赏价值,其药用价值也很高。金莲花被誉为"塞外龙井",素有"宁品三朵花,不饮二两茶"之说。用金莲花泡出来的茶,色泽清透、香气淡雅,深受人们喜爱,而且在清代还被列为宫廷御用名品茶饮。

据传历史上有名的辽代萧太后,最喜欢饮用的茶就是金莲花了,她的皮肤白皙、光洁富有弹性,直到中年依旧拥有着靓丽的容颜。这款"金莲菊花茶"还搭配了清热解毒的菊花,养颜效果更佳。

名称:金莲菊花茶

材料:金莲花3朵,干菊花3朵,蜂蜜适量(依个人口味酌情增减)。

制作方法:①将金莲花、菊花放入干净的茶杯中,倒入300毫升的沸水中,加盖闷泡10分钟左右。②待花充分泡开散发出淡淡清香时,加入适量蜂蜜调味,搅拌均匀即可饮用。

保健功效:金莲花中富含维生素、胡萝卜素以及多种微量元素,能有效补充细胞的营养,活血养颜。同时,金莲花还含有生物碱和黄酮类物质,具有消炎止渴、清喉利咽、清热解毒、排毒养颜的功效,对慢性咽炎、喉火、扁桃体炎有预防和治疗作用。经常饮用其茶可扩大肺活量,增强人体摄氧能力,抗疲劳,美容养颜效果尤佳。而菊花在美容润肤方面也不逊色,其含有十分丰富的香精油和菊花素,这些成分可以有效抑制皮肤黑色素的生成,提高肌肤色泽度,而且还能柔化表皮细胞,使皮肤细嫩光滑,充满弹性。再加上蜂蜜滋润养颜的功效,这款金莲花茶的美肤效果更加明显。

健康提示:①金莲菊花茶长期饮用会伤肾,因此不可长期加量饮用;孕妇禁用。②金莲花、菊花性寒,因此脾胃虚寒者慎服此茶。

治痘青草茶

关于治痘的方子杂乱繁多,比起服用祛痘的药品,通过饮用青草茶除痘更为绿色健康,在解除痘痘烦恼的同时,又滋润肌肤获得很好的养颜功效。正因为青草茶有着神奇的保健功效,它逐渐受到人们的青睐,特别是近年来,掀起了一股喝青草茶美容的风潮。

名称:治痘青草茶

材料:茯苓6克,薏仁10克,干鱼腥草6克,金银花6克。

制作方法:①首先将茯苓、薏仁、干鱼腥草和金银花清洗干净,沥干水分备用。②取一干净的锅,置于火上,倒入1000毫升的水,然后分别放入茯苓、薏仁,用大火煮至沸腾后,转小火续煮约半个小时。③将备好的鱼腥草、金银花一同放入锅中,以小火继续煮15分钟后熄火。④待茶煮好后,将所有的青草材料过滤取出,留取茶汤,倒入杯中,静置晾凉即可。

保健功效:这道"治痘青草茶"含有多种青草材料,营养价值也十分丰富,具有很好的除痘润肤功效,是美容养颜的绿色饮品。其中茯苓有很好的利尿排毒作用,通过排除体内毒素,达到除痘的效果。它与有光洁肌肤、减少皱纹、消除色素斑点、治疣平痘等美容养颜功效的薏仁相配伍,再加上可以清热解毒的鱼腥草,在除痘养颜方面可谓是"强强联合"。

健康提示:①阴虚而无湿热、虚寒滑精、气虚下陷者慎服茯苓。②脾胃虚寒及气虚疮疡脓清者忌服金银花。③鱼腥草性寒,不宜多食,虚寒症及阴性外疡忌服。④脾虚无湿,大便燥结者和孕妇需慎重饮用此茶。

下篇 美丽花草茶，留住青春芳华

纤体瘦身茶饮

纤体瘦身是当下最为时尚的话题之一，人们几乎把"瘦"定义为新的审美标准，甚至被诸多女性视为一种生活目标。于是，跟随着瘦身风潮的兴起，层出不穷的减肥产品也漫天铺盖，各式各样的减肥方法让人们眼花缭乱。其实，纯天然的花、草植物就是很好的瘦身良方，比如荷叶、山楂、柠檬草、迷迭香等，将这些绿色健康的茶材制作成茶饮，坚持科学地服用，纤体瘦身效果尤佳。

柠檬茉莉茶

生活中，有很多朋友并不是真正的肥胖，而是因为水肿，让人看起来觉得很胖。某白领小优就是其中一个例子。

小优有着完美的骨感身材，可是胖嘟嘟的脸却与这瘦弱的身材显得格外不搭，为此她尝试过多种减肥消脂的办法，可是每次都只是减少身上的肉，脸依旧"很胖"。朋友还因此给她取了个"大脸妹"的外号，这让小优十分厌烦。每次都害怕与别人谈论"小脸"这个话题，看到杂志

· 211 ·

上的那些"小脸美眉",小优心里是又爱又恨。后来在一次同学聚会中,无意间得到了一款消除水肿,打造小脸的秘方,回家后她马上尝试了这款秘方——"柠檬茉莉茶",并每天坚持饮用,半年过后,整个脸小了一圈,五官更加精致突出,不仅消除了水肿,而且肌肤光洁如玉、通透白皙,变成了人人嫉妒的"大美女",并终于摆脱了"大脸妹"的称号,直到现在,小优还坚持着饮用"柠檬茉莉茶"。

名称:柠檬茉莉茶

材料:柠檬2片,茉莉花2克。

制作方法:①首先将柠檬片、茉莉花一同放入干净的茶杯中。②倒入300毫升的沸水冲泡,约3分钟,温饮即可。

保健功效:关于柠檬和茉莉花各自的具体功效,前文已经阐述过了,但就两者结合到一起对纤体瘦身方面的功效,我们不得不在这里用浓重的笔墨来说一下,因为二者的结合绝对是妙上加妙。这款柠檬茉莉茶,即使柠檬对人体新陈代谢方面的保健功效——维持人体各组织和细胞间质的生成,并保持它们正常的生理机能——得到很好的发挥,又使茉莉花充分发挥其清肝明目、生津止渴和通便利水的作用。换而言之,在这款柠檬茉莉花茶中,柠檬与茉莉花两种茶材的"通"和"利"功效互相加强,特别是通便利水的方面,从而可以使人体排出毒素,消除水肿,达到"纤体瘦身"的效果。

健康提示:①胃溃疡患者、胃酸分泌过多者忌食柠檬;患有龋齿者和糖尿病患者也需慎食。②孕妇不宜饮用此茶。

山楂决明子茶

生活在现代都市的人们,每天坐在办公室,缺少运动,腰上的赘肉也随之增加。某公司文员莉莉就是其中的一个典型。

莉莉曾用麦兜的一句话来形容令自己苦恼的身材——"我没有腰"。腰上那游泳圈般的赘肉,把莉莉的外形弄得"上下一样粗"。为此,她四处寻找塑身秘方、尝试各类塑身衣,但那些肥肥的赘肉就像形影不离的情人,总是"贴"着她不放。后来有个朋友说怀疑她的问题出在消化系统上,因为莉莉平时很馋嘴,不仅喜欢吃肉,而且喜欢吃零食。于是满怀瘦掉所有赘肉的希望,莉莉给自己买了2500克山楂。孰料,单吃山楂特别酸,没吃几回,她的牙齿就承受不了。但看着剩在那里如小山般的山楂,莉莉由仅仅焦虑身材,变成了既焦虑身材又焦虑如何消耗这些传说中开胃消食的山楂。直到又一位朋友告诉她,可以将山楂和决明子搭配代茶饮,她试着坚持饮用一段时间,不但山楂没浪费,还发现自己腰上的赘肉也渐见消瘦。

不得不承认,现实中像莉莉这样拥有"水桶腰"的女性很多,她们肥胖的腰身显得整个人都变得臃肿、毫无活力,特别是上了年纪的女性,腰上肉很容易堆积。摆脱腰上的赘肉,拥有迷人的"小蛮腰"是众多女性梦寐以求的目标。那么,怎样才能实现这一愿望呢?其实方法很简单,就是像莉莉那样,常饮"山楂决明子茶"。因为此茶可以帮助我们甩掉腰上的肥肉,从而拥有纤纤细腰。

名称:山楂决明子茶

材料:山楂6克,决明子4克。

制作方法:①将山楂、决明子一同放入干净的茶杯中。②将300毫升的沸水倒入杯中,冲泡5分钟左右,放温后即可饮用。

保健功效:山楂决明子茶使山楂和决明子两种茶材的纤体瘦身功效相得益彰。其中,山楂的脂肪酶可以促进脂肪分解;山楂酸等可提高蛋白分解酶的活性,开胃消食,特别对消肉食积滞的作用更好。而决明子能够清热平肝、润肠通便,能够很好地疏通人体肠道,促进代谢。两者配伍而成的"山楂决明子茶",可以加强人体肠胃蠕动,溶脂排毒,从而减少腰身上的赘肉。很久以来,此方一直是人们瘦腰的良方选择之一。

决明子

健康提示:①山楂含有大量的有机酸、果酸、山楂酸等,胃酸分泌过多、消化性溃疡和龋齿者、消化不良者、心血管疾病患者、肠炎患者及服用滋补药品期间忌服用;孕妇及脾胃虚弱者也需慎服。②空腹食用山楂，会使胃酸猛增，对胃黏膜造成不良刺激，使胃发胀满、泛酸，引发胃病，故不能空腹食用。③生山楂中所含的鞣酸与胃酸结合容易形成胃石，很难消化，长期会引起胃溃疡、胃出血甚至胃穿孔。因此，应尽量少吃生的山楂，尤其是胃肠功能弱的人更应该谨慎。④山楂不宜与海鲜、人参、柠檬同食。⑤决明子药性寒凉，有泄泻和降血压的作用，脾胃虚寒、脾虚泄泻及低血压等患者不宜服用。此外，长期服用决明子可引起肠道病变；引发月经不规律甚至会造成子宫内膜不正常，所以必须适量饮用，不可长期服用。

乌龙陈皮茶

乌龙茶一直以来都受到减肥人士的青睐，它有着很好的减脂效果。在我国台湾某杂志上介绍了关于美国人史蒂芬通过饮用乌龙茶成功减肥的经验。42岁的史蒂芬·琼斯在一次参加的茶会活动上，看到所有人都兴高采烈地跪坐在地上泡茶、聊天。但对于体重106千克，身高170厘米的自己来说，却无法轻松自如，只能挺着大啤酒肚，坐在小板凳上，那时他觉得每个人看他的眼神都充满了怜悯。因为肥胖，他的健康亮起红灯，血压高到200多毫米汞柱，血糖和胆固醇也偏高，经常气喘吁吁、满头大汗。这些痛苦让史蒂芬决心要脱离"胖子一族"。他改掉了吃夜宵的习惯，晚上8点以后不再进食任何东西，也不再喝啤酒、可乐，每天坚持三餐前后喝一杯乌龙茶。半年后他的体重从106千克减到70千克，总共减掉了38千克的肥肉，并且他成功地摆脱了高血压、高血糖和高血脂的纠缠。

其实，乌龙茶如此神奇的减肥效果，若能够再搭配上陈皮，更易被人体吸收。下面这款"乌龙陈皮茶"，就是诸多梦想减肥瘦身人士的不二之选。

名称：乌龙陈皮茶

材料：乌龙茶6克，陈皮4克。

制作方法：①首先将陈皮洗净，沥干水分备用。②将乌龙茶与备好的陈皮一同放入干净的茶杯中，倒入400毫升的沸水冲泡，约5分钟，放温后即可饮用。

　　保健功效：乌龙茶富含多种营养物质，除了具有提神益思、消除疲劳、生津利尿、解热防暑、杀菌消炎、解毒防病、消食去腻等保健功能以外，其减肥效果更是甚佳。它通过刺激胰脏脂肪分解酵素的活性，减少糖类和脂肪类食物被吸收，加速身体的产热量增加，促进脂肪燃烧，尤其是减少腹部脂肪的堆积。将乌龙茶与陈皮配伍入茶，可使陈皮中的挥发油、橙皮甙、维生素B、维生素C等成分充分发挥其作用，尤其是对胃肠道有温和刺激作用，从而促进消化液的分泌，排除肠管内积气，增加食欲。正因如此，这款乌龙陈皮茶在通气健脾、排毒瘦身方面，可谓是佼佼者了。

　　健康提示：①空腹、睡前均不可饮用乌龙茶，而且乌龙茶变凉后也不宜饮用。②陈皮偏于温燥，有干咳无痰、口干舌燥等症状的阴虚体质者不宜多食；气虚体燥、阴虚燥咳、吐血及内有实热者慎服。③孕妇忌饮此茶。

普洱菊花茶

　　在纤体瘦身的同时，保持皮肤的光洁也很重要。有些瘦身药方只注重减肥效果，而忽略了身体上的其他问题，导致营养的不均衡、肌肤的粗糙等。很多人都错误地认为减肥就是不食用那些有营养的食物，认为丰富的营养会增加自己身上的赘肉。其实这种观点是大错特错，真正的减肥瘦身需要均衡的营养来维持，不健康的减肥方法只会加重身体的负担，一旦恢复营养的补充，那些"减去的肥肉"将会更加猛烈地反弹回来。

　　那么，怎样才能既营养健康，又达到纤体瘦身的效果呢？这款"普洱菊花茶"就是你很好的选择，它采用减脂效果明显的普洱茶与清热排毒养颜的菊花，在瘦身的同时，令你获得美丽容颜。

　　名称：普洱菊花茶

材料：普洱茶叶6克，菊花4朵。

制作方法：①首先将普洱茶叶与菊花混合一同放入干净的茶杯中。②将400毫升的沸水冲入茶杯，加盖闷泡3分钟，待散发出普洱茶香与菊花的清香时，将茶汤过滤，温饮即可。

保健功效：普洱茶含有丰富的氨基酸、维生素、茶多酚与多种矿物质等营养元素。它与脂肪的代谢关系密切，普洱茶经过独特的发酵过程生成了新的化学物质，其中有的含有脂肪分解酵素的脂肪酶，能对脂肪产生分解作用，因而普洱茶的减肥效果显著。长期饮用普洱茶能使胆固醇及甘油酯减少，对治疗肥胖症有很好的功效。同时，普洱茶还能引起人的血管舒张、血压下降、心率减慢和脑部血流量减少等生理效应，对高血压和脑动脉硬化患者有良好治疗作用。与之搭配，菊花中的类黄酮物质可以更加充分发挥自身作用——有效清除人体内所产生的自由基，而且正因如此，这类物质在抗氧化、防衰老等方面卓有成效。所以，两者配伍而成的普洱菊花茶，能够有效分解脂肪，清热、解毒、排毒，同时促进人体心血管循环。常饮此茶，我们不仅能够有效减肥降脂，而且可以远离毒素、一身轻松。

健康提示：①孕妇、产妇及经期女性忌饮此茶。②菊花性寒，因此气虚胃寒，食少泻泄者，不宜过多服用。

荷叶茶

提起荷叶，我们最先想到的就是荷花"出淤泥而不染，濯清涟而不妖"的高尚品质，殊不知荷花下肥硕的荷叶有着广泛的药用功效。早在秦汉时代，先民们就将荷叶做成茶作为滋补药用，特别是它的减肥功效在众多医书中都有记载："荷叶减肥，令人瘦劣"。

对于处在快节奏都市生活中的我们来说，饮食油腻、久坐气血不通、身体臃肿、腰腹鼓胀等几乎成了都市人的一种普遍特征，长期饮用含添加剂的咖啡、奶茶、调味汽水等，更是加重了身体的负担。那么，你是否也想要放松心情、缓解肥胖、排毒轻体呢？每天喝上一杯纯天然的荷叶茶，可以让身体健康地调节肠道，排出体内积累的毒素，达到身轻、腹瘦、神清气爽、肤色好的效果。让我们在清香淡雅的荷叶中感受大自然的清新，唤醒身体深处那远离自然已久的轻盈灵魂。

名称：荷叶茶

材料：干荷叶25克，冰糖适量。

制作方法：①首先将干荷叶洗净，沥干水分后撕成碎片，备用。②取一干净的锅，置于火上，将备好的荷叶片放入锅中，倒入1000毫升的清水，用大火煮沸后转小火慢煮20分钟。③待茶汤色泽碧绿，散发出阵阵荷香时，滤出荷叶渣，然后加入适量的冰糖粒，待其充分融化并搅拌均匀。④最后将煮好的荷叶茶静置晾凉，放入冰箱冰镇后饮用口感更佳。

保健功效：荷叶味苦涩、微咸，性辛凉，具有清热解暑、升阳发散、祛瘀止血、抑菌、解痉等作用。与此同时，荷叶的减肥效果也很佳。荷叶茶进入人体后，能在人体肠壁上形成一层脂肪隔离膜，有效阻止脂肪的吸收，并能分解脂肪、润肠通便、利尿排毒，达到减脂瘦身的功效。常饮荷叶茶还能降血压、调节血脂，对于肥胖人士来说，它不仅是一款减肥的良方，也是治疗高血压、高血脂、高胆固醇的有效药材。

健康提示：①荷叶性辛凉，脾胃虚寒者慎服。②荷叶有收涩止血的作用，不适合经期女性饮用，孕妇也最好不要饮用。③胃酸过多、消化性溃疡和龋齿者，以及服用滋补药品期间忌服用荷叶茶。④不宜空腹饮用荷叶茶。若在空腹时食用会增强饥饿感并加重原有的胃痛。

山楂茶

小雨从小就喜欢吃肉食，很少吃蔬菜等素食，她也因此长了一身的肥肉，加上个子不高，胖嘟嘟的身体看起来更加的不协调。特别是上大学后，因为父母不在身边也没有人管制她的饮食，于是放肆地吃肉，在大学期间体重由65千克直飙到80多千克，她看着身边的同学都有了男朋友，而自己依旧是孤单一人，心里很不是滋味，眼看就要大学毕业了，除了感情，还面临着工作的问题。在一次校园招聘会上，一个企业的经理没有看她的简历,就直接拒绝了她,并说明拒绝的理由就是她的身材问题,会影响一个公司的形象。这让小雨深受打击,于是她下定决心必须减肥,可是对于她这种喜欢吃肉而导致的肥胖,比较难减。她试过很多方子,甚至吃了不少减肥药,结果都反弹了。后来在一次电视节目中看到了"山楂茶"这款专门针对食肉者减肥的良方,她欣喜万分,每天坚持饮用,果然在半年后,减掉了10多千克肥肉,也没有出现反弹。

如果你也像小雨一样是爱吃肉的胖美眉,那么,这款"山楂茶"就是你的最佳选择了。长期服用,还会获得更多的保健功效。

名称:山楂茶

材料:山楂5克。

制作方法:将山楂放入干净的茶杯中,加入200毫升的沸水冲泡5分钟,温饮即可。(这里的山楂是采用干山楂片冲泡的,如果有新鲜的山楂也可以制作成茶,不过需要用锅煮熟:取新鲜山楂3个,洗净切片,放入锅中,加适量清水,以大火煮沸后转小火煮3分钟即可。)

保健功效:关于山楂的保健功效前面已经阐述得非常详尽了,但就其减肥瘦身的作用,这里还需要强调一下。山楂中含有丰富的果胶,几乎居所有水果之首。而果胶具有防辐射作用,可以从人体内带走一半的放射性元素(如锶、钴、钯等)。同时,山楂所含的解脂酶不仅能促进脂肪类食物的消化,还有促进胃液分泌和增加胃内酶素等功能。所以这款简单易做的山楂茶特别适合食欲不振和减肥者。同时,此茶还对肉食积滞、胃脘腹痛、瘀血经闭、产后瘀阻、心腹刺痛、疝气疼痛、高血脂等患者也有很好的辅助治疗效果。

健康提示:①山楂一次不宜食用过多,胃酸分泌过多者及脾胃虚弱者慎食。②山楂有破气作用,吃多了会耗气,影响孕妇的健康和胎儿的发育。同时山楂还能加强子宫的收缩,可引起早产或流产,因此孕妇忌食。③山楂茶不宜与人参等补药同时服用。④山楂含有发酸糖类,是强腐蚀剂,能腐蚀牙齿的珐琅质,引起龋齿,加重牙病,因此患有牙病者慎饮此茶。

茉莉香草茶

在现代快餐饮食中，高脂肪、高热量的油腻食物占绝大多数，人们快节奏的生活也给身体增加了不少的负担。特别是青少年热衷于一些亚健康的快餐食物，在学生族中尤为明显，出现肥胖现象的也越来越多。那么，如何获得更健康的生活，让自己摆脱身上的那些赘肉，拥有健美的身材呢？改善饮食就是关键点，减少油腻食物的摄入，多饮用一些绿色健康的消脂饮品，在美食中我们也同样能享受到美丽。

茉莉香草茶，选用纯天然的茉莉花、柠檬马鞭草、薄荷叶打造而成，是解油腻、消脂肪的良方。饭后饮上一杯"茉莉香草茶"，在浓郁的花香中透着清爽的柠檬、薄荷香，饮之让人神清气爽。

名称：茉莉香草茶

材料：干茉莉花蕾2克，柠檬马鞭草干品2克，干胡椒薄荷叶2克。

制作方法：①首先将干茉莉花蕾、柠檬马鞭草干品、干胡椒薄荷叶放入干净的茶杯中。②在杯中倾入适量沸水，加盖闷泡3~5分钟，至散发出香味即可。

保健功效：此茶兼顾了茉莉花行气、解郁、利水与柠檬马鞭草解除油腻、利尿减肥的双方功效，再加上胡椒薄荷的清热解毒、排汗功效，可以促进人体排毒，消除水肿，从而达到"纤体瘦身"的效果。

健康提示：①孕妇不宜服用此茶。②柠檬马鞭草不宜过量食用。

双花蜜茶

"为了减肥，我服用了多种药方，试了很多方法，可是依然没有什么效果。更气恼的是因为服用那些减肥药，感觉到肚子有胀气，难受得让人觉得恶心……"这是小芝的陈述，我们身边应该也有不少朋友，类似于小芝这样的情况，经常服用一些减肥药，而引起食欲不振、肚子胀气、恶心等副作用。减肥最重要的前提就是要健康，如果因为刻意地去减肥，而导致身体出现其他不良症状，即使达到一些瘦身的效果，但是给身体带来的却是更大的伤害，得不偿失。因此，我们必须清醒地意识到，用科学、健康的减肥方法实现自己的瘦身目标才最重要。

那么，什么样的方法才是健康的呢？其实很简单，我们身边的许多花草茶就能帮你实现绿色减脂的梦。比如这款"双花蜜茶"就很适合小芝这种情况，茶中的菊花、金银花都有很好的清热解毒功效，再加上山楂消食助消化、蜂蜜润肠通便的作用，可以让你在瘦身的同时，享受更多的保健功效。

名称：双花蜜茶

材料：干菊花3朵，金银花2克，山楂2克，蜂蜜适量。

制作方法：①将菊花、金银花、山楂一同放入干净的茶杯中。②将300毫升的沸水倒入杯中冲泡5分钟左右，至散发出香味。③待花茶泡好后，加入适量的蜂蜜调味（因为金银花的香味比较浓，有些人不太能接受，所以可以依个人口味酌情增减蜂蜜），并搅拌均匀，温饮即可。

保健功效：此茶将能够利血气、轻身、延年的菊花和同样具有轻身功效的金银花相配伍，同时又科学地加入山楂和蜂蜜，使得全方具有分解脂肪、促进胃液分泌、通便润肠等功效。长期服用，可以达到较好的瘦身效果。

健康提示：孕妇及脾胃虚寒者不宜饮用此茶。

洛神花蜂蜜饮

洛神花有着迷人的芳香和清爽的口感，而最值得一提的是它令人惊叹的艳丽色泽，经过冲泡后的洛神花茶，如同红宝石般璀璨夺目，让人深深地沉醉在其中。对于长期坐在办公室的朋友来说，这道"洛神花蜂蜜饮"绝对是不错的选择，清爽的酸味让你在疲惫的工作环境中瞬间充满活力，而且它减除腰腹上的赘肉堪称是花茶中的一绝，工作之余饮上一杯洛神花茶，让你的生活变得更加美丽多彩。

名称：洛神花蜂蜜饮

材料：洛神花干品 10 克，蜂蜜适量。

制作方法：①将洛神花放入干净的锅中，加入 300 毫升的清水并以中火煮开，3 分钟后熄火，利用余温再浸泡 5 分钟。②过滤掉茶渣后，将茶水倒入干净的杯中，待洛神花茶晾温后加入适量的蜂蜜调味（高温会破坏蜂蜜的营养，所以茶温不能过高），并充分搅拌均匀，即可饮用。

保健功效：除了在脾胃保健方面有很好的功效，洛神花在减肥保健上同样首屈一指。它不仅可以改善人的体质，促进胆汁分泌来分解体内多余脂肪，而且具有补血、利尿、消除水肿、促进人体新陈代谢的功效。将它与蜂蜜搭配入茶，在饭后饮服，可以促进消化、分解体内多余的脂肪，从而达到纤体瘦身的功效，特别是对腰腹部的赘肉消除有明显的效果。更值得一提的是，饮用这款洛神花蜂蜜饮，我们在纤体瘦身之余，还能解除身体的疲倦，改善便秘和皮肤粗糙。

健康提示：肠胃虚寒者及孕妇不宜服用此茶。

山楂陈皮茶

山楂和陈皮作为纤体瘦身的食材，在前面的茶饮介绍中就频繁的出现过了，它们分别与不同的材料搭配，减脂的效果会不一样。而这款"山楂陈皮茶"，把这两种材料搭配在一起，特别适合肥胖、消化不良、胸闷不适者食用。当你食用过油腻的食物后时，不妨来一杯山楂陈皮茶，夏天放入冰箱经过冰镇后，口感更加清爽。

名称：山楂陈皮红茶

材料：山楂 15 克，陈皮 8 克，红茶适量。

制作方法：①首先取一干净的锅，置于火上，将陈皮放入锅中炒热。山楂分成两等分，一半入锅炒热，另一半洗净氽水，待用。②将备好的陈皮、山楂和红茶一同放入砂锅中，加入 800 毫升的清水，以大火煮至沸腾后，转为小火再续煮 10 分钟。③待茶煮好后，滤出茶渣，将茶汤倒入杯中即可饮用。

保健功效：山楂和陈皮在促进消化、裨益脾胃方面都是佼佼者，而红茶具有暖胃驱寒的功效，三者搭配而成的这款山楂陈皮红茶，有促进胃液分泌和增加胃内酶素等功能。常饮此茶，可以达到很好的消食、理气、减脂功效。不仅如此，此茶还适用于内积食滞、脘腹胀满、胃酸胃胀等症，并对嗳气、泛酸、疝气疼痛有缓解的作用。

健康提示：胃酸分泌过多者及患有溃疡疾病者不宜饮用此茶。

洛神荷叶瘦腿茶

长期久坐不动，容易变成"梨形身材"。香香就是这其中的一个例子，她是白领一族，每天除了上下班的途中走动以外，一天中的其他时间几乎就是保持坐姿，所以臀部、大腿的脂肪逐渐囤积，进而发展成了所谓的"梨形身材"。和香香情况类似的，应该还有很多朋友，特别是在办公室的白领中比较明显。香香十分苦恼，想要瘦身，却又没有多余的时间，而每天这样下去，身材越来越难看，还影响到健康。后来经一个朋友介绍了这款"洛神荷叶瘦腿茶"，她每天在办公室里饮用，效果还真的出来了，一个月后她以前合身的裤子明显大出了许多。同事们见到这般神奇效果，都喝起了这道茶，在全公司掀起了一股"瘦腿风"。如果你也是"梨形身材"的美眉，那就不要犹豫了，赶紧将洛神荷叶瘦腿茶的秘方收入囊中吧，只要你坚持饮用，纤细修长的双腿离你就不远了。

名称：洛神荷叶瘦腿茶

材料：洛神花3朵，荷叶3克，柠檬1片。

制作方法：①首先将洛神花、荷叶用水清洗干净，沥干。②然后将备好的洛神花、荷叶放入干净的茶杯中，倒入500毫升的沸水冲泡，再加入柠檬片，约浸泡5分钟左右，即可饮用。

保健功效：洛神花、荷叶和柠檬，都堪称是消脂方面的"能手"。这款集三者于一体的洛神荷叶瘦腿茶，可以让三者之间的利尿消脂功效相互促进发挥，可在分解脂肪的同时，有效阻止身体对脂肪的吸收，进而达到减脂瘦身的功效。而且实践证明，此茶还特别适合腿部脂肪过多的美眉，所以是非常难得的纤腿茶饮。

健康提示：肠胃虚寒者及孕妇不宜饮用此茶。

绞股蓝乌龙茶

王女士是一位患有高血脂、高血糖的肥胖者，身体健康严重受到威胁。我们都知道，肥胖是加剧血脂和血糖的罪魁祸首，想要拥有健康的身体，她首先面对的就是要减肥。王女士为了减肥，试过各种各样的办法，可是效果始终不太令人满意。后来她无意间得知绞股蓝乌龙茶可以减肥、降血脂、降血糖，于是抱着试一试的态度，连着喝了3个月，体重明显下降了。再去医院检查，她的血糖和血脂也降低了许多，整个人都变年轻了许多。直到现在王女士还一直都坚持服用这款"绞股蓝乌龙茶"。

如果你自己或者身边的朋友有类似王女士这样的情况，不妨亲自尝试或推荐一下这款瘦身茶，可以轻松达到理想的减脂瘦身效果。

名称：绞股蓝乌龙茶

材料：绞股蓝10克，乌龙茶2克。

制作方法：①首先将绞股蓝烘焙去除腥味，研成细末，备用。②然后将绞股蓝粉与乌龙茶一同放入茶杯中，倒入500毫升的沸水冲泡10分钟，即可饮用。

保健功效：在减肥消脂方面，绞股蓝由于富含总皂甙，可以在提高人体免疫力的同时，有效清除肠、胃、血管壁上的脂质和其他附着物，降低血黏稠度，阻止脂质在血管壁沉积，进而达到降血脂的目的。不仅如此，这种总皂甙还能调节大脑皮质兴奋和抑制反应的平衡，具有通经活络、减肥、健肠胃等功效。除了总皂甙，绞股蓝还含有有机酸物质，能增进胃肠蠕动，促使肠道中有益菌——双歧杆菌的增殖，援助排出体内毒素。正是由于这两种物质的存在，绞股蓝在很多减肥茶中都是首选的成分，其减肥功效更是久负盛名。将绞股蓝与同样能够减肥降脂的乌龙茶搭配在一起，全方的减脂效果尤为显著，特别适合患有"三高"（高血压、高血脂、高血糖）的肥胖者服用，在减去脂肪的同时又实现身体的健康。

健康提示：孕妇不宜饮用此茶。

第三章

抗衰防老茶饮

自古以来,"抗衰老"都是备受人们关注的话题。几乎每个女人都梦想自己能够"永葆青春容颜"。可是,如何才能实现这一梦想呢?选择食用多种滋补药物,还是频繁地做美容?实践证明,这两种常见的方法都不是最佳的,而以天然的健康方式来抗衰老才是既安全又有效的。于是,抗衰防老的茶饮便在人们的保健生活中有了不可替代的一席之地。如果你能够科学地选择并饮用适合自己的抗衰花草茶,远离岁月的魔手将不再是天方夜谭了。

维C抗衰老茶

维生素C是人体必需的一种营养元素,有着众多的保健作用,特别是对延缓肌肤的衰老有很好的功效。我们都知道,富含维生素C的食物很多,其中柠檬就是最佳代表。其酸爽清新的口感,搭配着香醇诱人的玫瑰花,饮之让人食欲大开、神清气爽。

小荷是一位工厂女工,因为经常上夜班,出现了皮肤粗糙、细纹黑眼圈等严重的衰老问题。后来无意间得知了这款"维C抗衰老茶",她每天都坚持饮用,不仅可以在上班时起到提神的作用,而且皮肤出现的各种问题也慢慢地好转。一年多过去了,小荷并没有因为熬夜而加速老化,这其中都是"维C抗衰老茶"的功劳。现在在她们工厂里,这款茶已经成了人人必喝的饮品。

如果你正在为自己逐渐出现老化的肌肤愁眉苦脸,不妨饮用这款"维C抗衰老茶"。

名称:维C抗衰老茶

材料:鲜柠檬2片,玫瑰花蕾5克,蜂蜜适量。

制作方法:①首先将新鲜的柠檬洗净,切片;玫瑰花用温水冲泡一下,沥干水分,备用。②把洗净的玫瑰花放入茶壶内,倒入400毫升的沸水,加盖闷泡3分钟,待其散发出香气后放入切好的新鲜柠檬片,继续加盖闷泡3分钟。③最后放入适量的蜂蜜调味,搅拌均匀后,倒入茶杯中即可饮用。(因柠檬较酸,不喜欢酸味过重的朋友可以依照自己的口味增加蜂蜜的量。)

保健功效:含有丰富维生素C的柠檬与玫瑰花蕾、蜂蜜一同入茶,可以美白润肤、保持皮肤的张力和弹性,养颜去皱,从而起到很好的抗老防衰功效。长期饮用这款维C抗衰老茶,你不仅可以拥有年轻态的容颜,而且还能够增强身体的抵抗力。

健康提示:胃酸分泌过多者及肠胃溃疡患者不宜饮用此茶。

蝶舞千日茶

我们都知道,当肌肤开始出现干燥、细纹等微妙变化时,细胞就已经开始衰老。针对抗老防衰,市面上出现了各种各样的抗老化药品。其实,在我们的日常生活中,可以"饮出"年轻,"饮出"健康,比如这款"蝶舞千日茶",就是很好的防衰茶饮。

蝶舞千日茶,选用玉蝴蝶与千日红为原料泡制而成。玉蝴蝶因形似蝴蝶而得名,但它不是真正的蝶类,而是一种草本植物的种子,对于细胞的衰老有很好的抑制作用。特别是与千日红搭配在一起，不仅增加了茶的色泽，而且提升了茶汁的口感。如果你正在为抗老化做准备，不妨将这道"蝶舞千日茶"列入你的生活饮品中。

名称：蝶舞千日茶

材料：玉蝴蝶干品2片，千日红干品4朵。

制作方法：①首先将玉蝴蝶干品、千日红干品洗净后，一同放入茶杯中。②然后将400毫升的沸水倒入杯中，冲泡约3分钟，温饮即可。

保健功效：玉蝴蝶归属肝、胃、肺经，可以治疗肺、肝、胃三条经脉上的病症，有着润肺、疏肝、和胃的功效，一药三用，增强人体机能。玉蝴蝶有排毒、清肺利咽喉的功效，它能有效地促进机体新陈代谢，延缓细胞衰老，提高免疫力，经常饮用对抗老防衰有较显著的效果。此外，玉蝴蝶还能解渴、解酒、美白肌肤、降压减肥，并具有一定的防癌功效。千日红有清肝、散结、止咳定喘的作用，对治疗头风、目痛、气喘咳嗽、痢疾、小儿惊风、疮疡有较好的疗效。特别是它的清肝功效，可以帮助排除人体内肝脏毒素，对抑制肝脏的老化有一定作用，而且能祛斑养颜，延缓肌肤的衰老。常饮蝶舞千日茶，在获得各种保健功效的同时，又达到抗老防衰的效果。

健康提示：玉蝴蝶味苦性寒，经期女性及孕妇忌饮；脾胃虚寒者也不宜饮用。

茯苓蜂蜜饮

茯苓是一味珍贵的中药材，自古就被视为"中药八珍"之一，它在我国医学史上有着悠久的药用历史，许多药方中都能见到茯苓的身影。其实，除了药用以外，茯苓还是很好的茶饮材料。因其独特的保健功效，近年来，开始在茶饮中流行起来，特别是这款具有抗老防衰功效的"茯苓蜂蜜饮"，深受广大女性的青睐。味甘性平的茯苓加入甜蜜香浓的蜂蜜，在口感上得到大大的提升，饮之入口即化的甘美香甜，令人难以忘怀。

名称：茯苓蜂蜜饮

材料：茯苓2克，蜂蜜1勺（可依据个人口味酌情增减）。

制作方法：①首先将茯苓放入干净的茶杯中。②然后将200毫升的沸水倒入杯中，冲泡8分钟左右。③待茶变温后，放入蜂蜜调味（过高的水温将破坏蜂蜜中的营养成分，因此需要等到茶变温后才可调入蜂蜜），并充分搅拌均匀，即可饮用。

保健功效：茯苓营养丰富，含茯苓多糖、葡萄糖、蛋白质、氨基酸、有机酸、脂肪、卵磷脂、腺嘌呤、胆碱、麦角甾醇、多种酶和钾盐等多种成分。它具有补气抗衰、健脾和胃、安神宁心的功效，能增强机体免疫功能。此外，茯苓还有很好的利尿效果，能增加尿中钾、钠、氯等电解质的排出，排除毒素；对保护肝脏、抑制溃疡的发生有一定的效果，有降血糖、抗放射等作用。茯苓多糖有明显的抗肿瘤作用。而在茯苓中调入蜂蜜，制成这款茯苓蜂蜜饮，不仅是补充身体营养元素的不错之选，更是抗衰养颜的美味之选。

健康提示：①阴虚而无湿热、虚寒精滑、气虚下陷者慎服此茶。②痰湿内蕴、脾虚泄泻、中满痞胀及大便不实者不宜服用蜂蜜。③蜂蜜不宜与孜然、豆腐、韭菜、葱同食。

玫瑰乌龙茶

玫瑰在各种花茶饮品中出现的概率极高，除了它诱人的芳香和色泽以外，最主要的是它拥有的多种保健功效，抗衰老就是其中的一大典型功效。与之类似，乌龙茶也是一种抗衰老的茶材。在1983年，福建省中医药研究所进行了抗衰老试验，他们分别给两组动物加喂乌龙茶和维生素E，动物的肝脏内脂质过氧化均明显减少，这说明乌龙茶和维生素E一样有抗衰老功效。更有诗歌赞美道："安溪芳若铁观音，益寿延年六根清。新选名茶黄金桂，堪称妙药保丹心。久服千朝姿容美，能疗百病体态轻。"

正因如此，将玫瑰花与乌龙茶搭配在一起泡制而成的"玫瑰乌龙茶",便是很好的抗老防衰饮品。在周末的休闲时光,品上一杯香气馥雅的玫瑰乌龙茶,让身心得到完全的放松,让岁月停下前进的脚步。

名称:玫瑰乌龙茶

材料:玫瑰花3朵,乌龙茶3克。

制作方法:①首先将玫瑰花、乌龙茶一同放入干净的茶杯中。②然后将300毫升的沸水倒入杯中,加盖闷泡3分钟至散发出花茶香气,温饮即可。

保健功效:除了前面阐述过的保健功效,玫瑰花更是很好的美容养颜品。它能够排除身体毒素、调理气血、促进血液循环、调经活络、防皱纹,对抗老防衰有很重要的作用。此外,药性温和的玫瑰花还具有从内部彻底调理容颜的健康与美丽的功效。将它与富含多种有机化学成分和无机矿物元素的乌龙茶配伍入茶,抗衰防老的效果更加显著,长期饮用,可以让你拥有年轻的容颜。

健康提示:孕妇忌饮此茶;此茶温服最佳,变凉后不宜饮用。

迷迭香草茶

除了随着时间的流逝人体会出现衰老现象,不当的生活习惯、饮食习惯等也会加速人体的老化进程,特别是过度用脑容易引起细胞的衰老,内分泌的失调,出现各种生理、心理问题,加速老化。而现在用脑力劳动几乎成了普遍的现象,工作、生活各方面的压力都让人开始迈向衰老。为此,针对用脑过度者,在这里介绍这款"迷迭香草茶",让你在提神解压的同时,又达到抗老防衰的功效。

名称:迷迭香草茶

材料:迷迭香2克,干玫瑰花蕾8朵,柠檬香茅2克,柠檬罗勒2克。

制作方法:①首先将迷迭香、柠檬香茅、柠檬罗勒剪成小段,备用。②然后将剪好的迷迭香、柠檬香茅、柠檬罗勒与干玫瑰花蕾一同放入干净的茶壶中,冲入1000毫升的沸水,加盖闷泡3分钟至散发出清新的香气。③最后滤出花茶渣，留取茶汁，倒入茶杯中即可饮用。

保健功效：迷迭香具有很强的抗氧化性，对防止皱纹、减缓衰老有一定的作用。而且迷迭香的美肤功效，可以帮助清洁毛囊和皮肤深层，并能够让毛孔更细小，让皮肤看起来更细腻更平整，有紧实皮肤的功效，从而减缓肌肤衰老，让人保持年轻的容颜。而玫瑰花能有效排除体内的毒素、调理气血、促进血液循环、调经活络、促进新陈代谢、防止皱纹，也是抗老防衰的重要食材。两者与保健功能广泛的柠檬香茅、柠檬罗勒相配伍而成的"迷迭香草茶"，可以得到更加显著的缓解衰老功效。

健康提示：孕妇慎服此茶。

玲珑保健茶

对于每一个女人来说，"更年期"是不可避免的阶段，这也是令所有人惧怕的一个时期。当更年期来临，也就意味着你的衰老程度在加速，特别是在更年期间引发的各种病状，更易加速人体的老化。想要延缓衰老，我们可以通过健康的饮食来调理，这款"玲珑保健茶"就是不错的"更年茶饮"，即使面对更年期的到来，我们依旧可以保持愉悦、轻松的心情，保持年轻的容姿。

名称：玲珑保健茶

材料：迷迭香5克，百里香3克，鼠尾草3克，苹果半个，橙汁100毫升。

制作方法：①首先将苹果清洗干净，切成小丁备用。②然后将迷迭香、鼠尾草、百里香一同放入干净的茶壶中，冲入500毫升的沸水，加盖闷泡约3分钟。③最后加入切好的苹果丁和橙汁，搅拌均匀，静置2分钟后即可倒入茶杯中饮用。

保健功效：迷迭香的抗衰功效我们前面已经阐述过，这里再来看看其他抗衰的茶材。百里香对活化脑细胞，提升记忆力及注意力，抗沮丧及抚慰心灵创伤有较好疗效，可以改善消化系统，防止妇科疾病，促进血液循环，增强免疫力，减轻神经性疼痛等。苹果、橙汁含有丰富的营养物质，特别是它们富含的维生素有很好的抗老防衰作用。上述茶材与抗衰"高手"迷迭香配伍而成的玲珑保健茶，能够延缓衰老，让我们拥有年轻的容颜；能够有效安抚躁动的情绪，让我们拥有愉快的心情。此外，此茶还能够缓解更年期的各种病症，是更年期女性的一大福音。

健康提示：妇女哺乳期及高血压患者不宜饮用此茶。

绿茶玫瑰饮

氧化是肌肤衰老的天敌，而强烈的日晒、恶劣的环境、体内的循环不畅、电脑的辐射等，都是身体产生氧化的"罪魁祸首"。在肌肤面临氧化的反应中，会产生一种有害化合物——自由基，它的强氧化性会损害机体的组织和细胞，进而引起衰老。自由基对肌肤的损害时刻都在发生，肌肤氧化也在随时威胁着我们美丽的容颜。

所以，我们就需要抗氧化、扫除自由基，改善机体的组织和细胞，这是实现抗衰防老的关键。据有关部门研究证明：1毫克的茶多酚清除对人机体有害的过量自由基的效能相当于9微克超氧化物歧化酶，大大高于其他同类物质，它的抗衰老效果要比维生素E强18倍。特别是茶多酚与维生素B、维生素E等配合，能起到补充水分、紧实肌肤等作用，缓解肌肤的衰老。而这款"玫瑰绿茶"就是将绿茶和富含维生素C和维生素E的玫瑰花配伍入茶，解救那些正面临肌肤氧化者的良方。特别是坐在办公室的电脑族们，工作之余赶紧来一杯玫瑰绿茶吧，舒缓一天的疲劳，给肌肤补充足够的能量。长期坚持饮用，防衰效果更佳。

名称：绿茶玫瑰饮

材料：绿茶6克，玫瑰花瓣3克。

制作方法：①首先将玫瑰花瓣和绿茶一同放入干净的茶杯中。②然后将300毫升的沸水倒入杯中，冲泡5分钟左右，至散发出花、茶的清香时即可饮用。

保健功效：具有排毒养颜、去皱防衰功效的玫瑰花与绿茶配伍入茶，富含抗氧化成分，可以有效清除引起人体衰老的自由基，同时也能够从内在调理人体气血循环,从而达到由内到外双重抗衰防老的功效。

健康提示:绿茶叶绿素含量高,对肠胃刺激较大,因此有胃病的患者不宜多饮。

玫瑰甘菊茶

拥有美丽的年轻容颜,是所有女性的愿望,但是无情的岁月却一直在加速着人的衰老,当年龄渐渐变大,这一愿望也就变得越难实现。其实,只要保养得当,调整好自己的身体状况,延缓衰老的目的还是可以达到的,从饮茶开始,喝出年轻容颜。

诸多配方中,玫瑰搭配洋甘菊,再加上适量的蜂蜜,可以说是一道"青春不老茶"。这道玫瑰甘菊茶,温和芳香、口感清爽,浓浓的花香中蕴含着无限的年轻能量。不过抗衰老是一个长期的过程,仅靠一两次的服用是没有什么效果的,需要坚持饮用。

名称:玫瑰甘菊茶

材料:干玫瑰花蕾5克,洋甘菊3克,蜂蜜适量。

制作方法:①首先将干玫瑰花蕾与洋甘菊一同放入干净的茶杯中,倒入400毫升的沸水,加盖冲泡5分钟至散发出香气。②然后放入适量的蜂蜜调味,搅拌均匀后即可饮用。

保健功效:这款"玫瑰甘菊茶"能很好地为肌肤补充水分,增强肌肤弹力,促进肌肤新陈代谢,增强肌肤抵抗力和修复能力,适合需要防止肌肤老化,延缓衰老的人士饮用。此外,它还能为人体补充丰富的维生素,并起到调理气血、养肝养心、镇静安神的功效,从而全面提升人的精气神,带给人优质的睡眠。

健康提示:孕妇不宜饮用此茶。

下篇 美丽花草茶，留住青春芳华

第四章

保持年轻活力茶饮

有人说：活力是生命的创造力。没错，保持年轻活力的状态，不仅可以让人看起来健康乐观，而且更加美丽动人。但是，随着年龄的增长，人们总是在不知不觉中逐渐失去活力。特别是面临着生活、工作、社会等多方面的压力与挑战时，想保持年轻活力似乎变得难上加难。为此，我们为大家介绍一些可以让人充满活力、激发身体能量的花草茶饮，从而使朋友们每天都能活出轻松、快乐与健康。

迷迭香蜂蜜茶

孙淼是全公司出了名的工作狂，同时她也是全公司出了名的迷糊虫。究其原因，就是每天拼命工作，精力严重不够用。一天十几个小时的长时间工作，让她觉得浑身疲惫不堪。而第二天一早再早起上班，一上午多半都迷迷糊糊。有时赶上周末也加班的时候，简直就是腾云驾雾。为此，她试过咖啡、去过健身房，但结果往往是雪上加霜，令整个人更加疲惫。后来男朋友出于心痛，托人给她问了补充精力的秘方——迷迭香蜂蜜茶。每天抽空喝上一杯，补水、补养，更补年轻活力。

可见，迷迭香加入适量的蜂蜜来泡茶服用，是增强年轻活力的不错选择，尤其是清晨上班之前饮一杯迷迭香茶，让你一天充满精气神，活力无限。

名称：迷迭香蜂蜜茶

材料：迷迭香5克，蜂蜜适量。

制作方法：①将迷迭香放入干净的茶杯中，倒入300毫升的沸水，加盖冲泡5分钟至散发出香气。②待茶泡好后，加入适量的蜂蜜调味，搅拌均匀后即可饮用。

保健功效：迷迭香茶拥有能令人头脑清醒的香味，能恢复脑部疲劳，增强记忆力，可改善头痛，具有提神减压的作用。迷迭香对改善语言、视觉、听力方面的障碍，增强注意力等都有很好的效果，可治疗风湿痛、强化肝脏功能、降低血糖，有助于动脉硬化的治疗，帮助麻痹的四肢恢复活力。在疲惫时饮用一杯迷迭香茶，可以令你神清气爽、精力充沛、充满活力。

健康提示：①孕妇不宜饮用此茶。②迷迭香虽然拥有增强记忆力的强大功效，但是不可过量的食用迷迭香，注意每次的用量要适当。

茉莉薄荷茶

茉莉薄荷茶是当下十分流行的一道舒压解郁茶。芳香浓郁的茉莉花，配以沁人心脾的清爽薄荷叶和柠檬马鞭草，在温润的口感中，流露着一阵阵的清凉冰爽，饮之让人回味无穷。许多办公室的白领丽人都钟爱于这款茉莉薄荷茶。特别是经常加班的朋友，此茶是常备的饮品之一。

名称：茉莉薄荷茶

材料：茉莉花3朵，薄荷2克，柠檬马鞭草2克，蜂蜜适量。

制作方法：①将茉莉花、薄荷、柠檬马鞭草放入干净的茶杯中，倒入300毫升的沸水，加盖冲泡5分钟至散发出清新的芳香。②待茶泡好晾温后，加入适量的蜂蜜调味，搅拌均匀即可饮用。

保健功效：茉莉花能解郁散结。薄荷能刺激中枢神经，对味觉神经和嗅觉神经有兴奋的作用，具有提神解郁、缓解感冒头痛、开胃助消化、消除胃胀气，缓和胃部疼痛等功效。两者与可安神舒压的柠檬马鞭草配伍入茶，再加入适量的蜂蜜，使这款茉莉薄荷茶有着独特的清新提神、消除疲劳、缓解压力、保持活力等功效，经常饮用可保持年轻活力。

健康提示：①阴虚血燥体质，或汗多表虚者忌食薄荷。②脾胃虚寒，腹泻便溏者也不可多食久食。

菩提甘菊茶

菩提甘菊茶是一道安神舒压的花茶饮品，在广大的中老年人群中备受青睐。赵阿姨如今已年近五十，可是在她充满活力的身体上却看不出丝毫衰老的迹象，她身边的同龄朋友也都一个个充满年轻活力，经询问得知，原来她们的法宝不只是我们常说的每天保持乐观积极的心态、适当的身体锻炼，更关键的是坚持饮用这款"菩提甘菊茶"。赵阿姨说自己饮用这款茶已有十几个年头了，这也是让她一直保持着如此年轻姿态的秘方。

你或许会猜想：这么管用的菩提甘菊茶，会不会很难做呢？其实，恰恰相反。它以菩提叶和洋甘菊为茶材，只需简单冲泡便可。下面，我们就为你详细介绍一下吧。

名称：菩提甘菊茶

材料：菩提叶5克，洋甘菊5克。

制作方法：①将菩提叶、洋甘菊一同放入干净的茶杯中。②取300毫升的沸水倒入杯中，加盖冲泡5分钟至散发出香气，温饮即可。

保健功效：良好的睡眠质量是充满年轻活力的前提。而这款菩提甘菊茶具有安神镇静、缓解疲劳、舒缓情绪的功效，常饮有助于提高睡眠质量，让人获得更多的年轻活力。

健康提示：孕妇忌饮此茶。

莲子心茶

莲子心就是莲子中间青绿色的胚芽,味道极苦,但却具有很好的药用功效。古语有云:"良药苦口",这莲子心就是一个典型的"良药"代表。自古以来,人们就用莲子心泡茶饮用。据史料记载,清代乾隆皇帝每到避暑山庄总要用荷叶露珠泡制莲子心茶,以养心益智,调整元气,清心火与解除体内毒素。这也是他一直保持着健康体魄,充满年轻活力的重要因素之一。

当你疲惫、烦躁时,来一杯莲子心茶,可以有效缓解内心的烦恼、去除心火,让自己拥有好心情。

名称:莲子心茶

材料:莲子心4克,甘草4克,蜂蜜适量。

制作方法:①将莲子心与甘草一同放入干净的茶杯中,加入300毫升的沸水,加盖冲泡10分钟。②待茶泡好后,加入适量的蜂蜜调味,并充分搅拌均匀,即可饮用。(因为莲子心味道较苦,所以蜂蜜可以依据个人口味酌情增减。)

保健功效:莲子富含钙、磷和钾等矿物质元素,能有效促进凝血,使某些酶活化,维持神经传导性,镇静神经,维持肌肉的伸缩性和心跳的节律等作用。丰富的磷还是细胞核蛋白的主要组成部分,能帮助机体进行蛋白质、脂肪、糖类代谢,并维持体内的酸碱平衡。莲子还有很好的养心安神功效,对健脑、提升记忆力与工作效率,预防老年痴呆的发生有一定作用。用莲子心泡茶具有清心去热、涩精、止血、止渴、宁神除烦等功效,可治疗心衰、休克、阳痿、心烦、口渴、吐血、目赤、肿痛等病症。莲子心茶是很好的清心火、平肝火、泻脾火、降肺火的饮品。此外,莲子心泡茶饮用,还可以治疗便秘,对减肥有一定的帮助。再加上具有和中益气、舒缓情志的甘草,这款"莲子心茶"能有效解忧除烦、清心安神、帮助睡眠,为人体积蓄能量,让你整个人都充满活力。

健康提示:①孕妇不宜饮用此茶。②湿阻中满、呕恶及水肿胀满者禁服甘草。

素馨花玫瑰茶

素馨花别名耶悉茗、野悉蜜、玉芙蓉、素馨针,以素雅馨香之美深受人们的青睐,并且有着"花香之王""美容花""解郁花"等多种美誉之称。在巴基斯坦,素馨花被尊为国花,随处可见的小白花芳香扑鼻,闻之令人神清气爽,有着愉悦轻松的心情。此外,素馨花在古代还常作为妇女的头饰。

关于素馨花的来历,有一个非常感人的传说。一千多年前的南汉时期,有一个名为庄头村的地方,是南汉王的离宫。当时村里有个叫素馨的姑娘,长得非常漂亮。她从小偏爱耶悉铭。其时正值南汉王刘䶮登基,广招天下美女,素馨姑娘被选入宫中,深得皇帝喜爱。于是皇帝下令皇家花园全部都种上了耶悉铭。后来,素馨在宫中老死,皇帝很怀念她,在埋葬她的花园里种满了耶悉铭花。南汉王朝结束后,庄头村的村民们将素馨的尸骨迎回安葬。三天之后,人们惊奇地发现素馨的坟头长满了一簇簇洁白的耶悉铭。为了纪念素馨姑娘,人们将耶悉铭改名为素馨花。

我们将素馨花与各种不同的茶材搭配泡饮,可以得到不同的保健功效。例如,这款素馨花玫瑰茶可以让人沉醉在浓郁芬芳的花香同时,充满活力,并拥有一个好心情。如果你也想拥有充满活力的一天,那就从素馨花玫瑰茶开始吧。

名称:素馨花玫瑰茶

材料:干玫瑰花蕾5克,素馨花5克,蜂蜜适量。

制作方法:①首先将干玫瑰花蕾和素馨花放入茶壶内,用温水冲洗一遍。②然后倒入400毫升的沸水,加盖冲泡5分钟至散发出诱人的芳香。③最后将茶汤过滤,加入适量的蜂蜜调味,搅拌均匀后即可饮用。

保健功效:素馨花味辛、甘,性平。花中主要含有乙酸苄酯、芳樟醇、茉莉酮等成分的挥发油,有疏肝解郁、理气止痛、清热散结之功效,可以帮助肝脏排解不良情绪因素,对肝郁气滞、胁肋胀痛、脾胃气滞、脘腹胀痛及泻痢腹痛有很好的疗效。它与能够改善体质、消除疲劳的玫瑰配伍入茶，制成"素馨花玫瑰茶"，特别适合在心情郁闷、食欲不振时饮用，而且在疏肝解郁的同时，还能理气活血，让整个人都充满年轻的活力。

健康提示：孕妇慎饮此茶。

陈皮提神茶

陈皮是一道很好的泡茶材料，在日常生活中也随处可见。刘女士就十分迷恋"陈皮"，每逢秋季橘子收获的季节，她都会把新鲜的橘皮用水清洗干净，然后晒干或烘干，做成陈皮，用来泡茶饮用，特别是困乏的时候，总会饮上一杯陈皮茶来提神。后来经朋友介绍，在陈皮中再加入适量的甜菊叶，提神舒压的效果会更好。于是她尝试着饮用这款新式的"陈皮提神茶"，果然比之前单独泡饮陈皮的效果要明显，而且口感也变得好了，甜菊叶的香甜减少了陈皮的苦味，喝起来，觉得更加神清气爽。如此有效的提神活力茶，不仅制作起来十分简便，而且成本也很低，可谓是质高价低的首选茶饮，疲倦时品上一杯"陈皮提神茶"，让自己瞬间充满活力。

名称：陈皮提神茶

材料：陈皮5克，甜菊叶3克。

制作方法：①首先将陈皮和甜菊叶一同放入干净的茶杯中。②取300毫升的沸水倒入茶杯中，加盖冲泡5分钟，温饮即可。

保健功效：这款陈皮与甜菊叶配伍而成的"陈皮提神茶"，可以很好地缓解困乏、消除疲劳、养阴生津、促进人体新陈代谢，从而起到提神、舒缓神经的良好功效，为身体增加年轻活力。

健康提示：气虚体燥、阴虚燥咳、吐血及内有实热者不宜饮用此茶。

西洋参枸杞茶

大家都知道冬季是进补的最佳时节，民间更有"今年冬令进补，明年三春打虎"之说。其实在其他的季节，进补也很重要，当然夏季也包括在内。进补可以分为三种，即滋补、清补、平补。对于冬季来说，滋补是主要的，而夏季则适合清补。夏天气候炎热，人体易为暑热所侵犯，出现情绪暴躁容易发火、口干舌燥食欲不振、浑身没劲总犯困等症状，此时服用西洋参之类的清补品就有很好的"降火清凉"的功效。在西洋参中加入一些养颜补血的枸杞，这款"西洋参枸杞茶"让你在烦闷的夏季照样可以拥有充满年轻活力的精神气。

名称：西洋参枸杞茶

材料：西洋参5克，枸杞5克。

制作方法：①首先将西洋参切成薄片，枸杞洗净沥干水分。②然后将切片的西洋参和枸杞一同放入干净的茶杯中，倒入300毫升的沸水，加盖冲泡5分钟，待茶温后即可饮用。

保健功效：它可以为你消除疲劳，增强记忆力与身体抵抗力，尤其是对于久病、劳累过度所引起的身体虚弱、元气损伤、营养不足，以及各种出血、贫血、头晕头痛、神经衰弱、精神不振、腰酸背痛等虚弱性病症有很好的效果，从而迅速补充体力，恢复身体健康。

健康提示：虽然此茶选用了滋补效果极佳的西洋参和枸杞为原料，但并不是所有的人都适合饮用。例如，肢冷、腹泻、胃有寒湿、脾阳虚弱、舌苔腻浊等阳虚体质者，就不宜饮用这款西洋参枸杞茶。

薰衣草茉莉茶

近年来，薰衣草茉莉茶深受白领丽人的青睐，在办公室里漫溢着薰

西洋参枸杞茶

衣草的浪漫与茉莉的浓郁芳香,让人一天都充满着年轻活力。薰衣草和茉莉花作为茶饮已有悠久的历史,但是将二者搭配在一起泡制却是一种新式的花茶,不仅在口感上有独特的风味,而且在功效上也有更多的提升。如果你正在因为工作、生活的压力和烦恼而郁郁不欢,不如来一杯"薰衣草茉莉茶"缓解这焦虑烦闷的心情,给自己一个轻松的空间。

名称:薰衣草茉莉茶

材料:薰衣草5克,茉莉花5克,蜂蜜适量。

制作方法:①首先将薰衣草和茉莉花一同放入干净的茶杯中。②然后将300毫升的沸水倒入杯中,加盖闷泡5分钟至散发出香气。③最后待茶汁变温后,加入适量的蜂蜜调味,并搅拌均匀至充分溶解,即可饮用。

保健功效:在充沛精力方面,薰衣草清香怡人,具有缓解神经、怡情养性、宁神镇静、放松身躯、呵护安抚情绪及增强记忆等多种神奇功效。而茉莉花有安定情绪、平肝解郁的功效,加上蜂蜜补充体力、消除疲劳、增强活力的作用,这款"薰衣草茉莉茶"能很好地缓解疲劳、舒缓情绪,让人拥有好心情。

健康提示:①低血压患者请适量饮用此茶,以免反应迟钝想要睡觉。②薰衣草有痛经作用,因此怀孕初期的妇女也不宜服用此茶。

洛神紫罗兰茶

色泽艳丽、浓郁芳香的洛神花与神秘优雅、清新甜美的紫罗兰都是花茶中重要的材料，二者有着完全不同的风味。将酸爽可口的洛神花与清淡甘甜的紫罗兰搭配在一起，这款"洛神紫罗兰茶"酸中带甜、甜中泛酸，不仅让人食欲大开，而且还能很好地提神醒脑。

此茶特别适合在夏季的午后饮用，那时是人们最容易疲劳、烦闷的时段，工作或学习都无法集中精力，容易神情恍惚。再加上夏季炎热的天气容易让人中暑，而洛神花与紫罗兰都可以恰到好处地清热降火、润喉，酸酸甜甜的口感，如果经过冰镇后饮用，风味尤佳，提神、解暑效果也会更好。

名称：洛神紫罗兰茶

材料：洛神花5克，紫罗兰5克，蜂蜜适量。

制作方法：①首先将茶壶用开水洗净预热，把紫罗兰和洛神花一同放入茶壶中。②然后将500毫升的沸水倒入茶壶内，加盖冲泡5分钟。③待茶变温后加入适量的蜂蜜调味，并搅拌均匀至充分溶解，即可倒入干净的茶杯中饮用。

保健功效：将紫罗兰与洛神花搭配泡制的这款"洛神紫罗兰茶"有兴奋神经、提神醒脑、改善忧郁、增强活力的作用。

健康提示：肠胃虚冷的人，不宜过多饮用此茶。

菊普活力茶

菊普活力茶，从字面上就可以得知是一款让人精力充沛的活力茶饮。小佳是一位典型的白领，每天坐在办公室的电脑前处理文件、资料，每到下午就感到眼睛疲劳睁不开，整个人也是晕乎乎的，精力完全不能集中。她还因此在工作上出了几次纰漏，使公司财务报表的数据出现了错误，差点给公司带来了巨大的损失，这更让她感到压力，每天上班都是神经绷得紧紧的，一丝也不敢怠慢，最后引起了严重的头痛乏力等症。后来得知这款"菊普活力茶"，就是针对她这种状况而量身打造的，于是就去药房买了一些材料每天坚持饮用，效果还真的挺好，小佳现在上班整个人都觉着轻松愉悦了，即使到了下午也充满了活力。

你是不是也和小佳一样呢，有时会因为那些烦闷的工作而让你感到头晕脑涨？那就试一试这款"菊普活力茶"，给自己补充一些活力的能量。

名称：菊普活力茶

材料：菊花3克，罗汉果半个，普洱茶3克。

制作方法：①首先将罗汉果分成两等分，取其中一半，与菊花、普洱茶一同放入茶杯中。②然后将300毫升的沸水倒入杯中，加盖闷泡10分钟，即可饮用。

保健功效：菊花与罗汉果、普洱茶一起搭配而成的这款菊普活力茶，不仅能够提神醒脑、缓解疲劳、增强耐力，而且还可以有效治疗头晕眼花、精神不佳等，从而为身体带来足够的活力。

健康提示：肠胃虚寒者及孕妇不宜饮用此茶。

薄荷醒脑茶

薄荷醒脑茶，有着沁人心脾的清爽口感，其味道就足以让人精神振奋，是一款很好的办公室活力茶，特别是对于熬夜的加班族们来说，薄荷醒脑茶是再适合不过的了。据说，在国外某公司，几乎所有的员工每天饮用两杯薄荷醒脑茶，以时刻保持着充沛的活力，这也让这家公司的工作效率很高，在行业内的口碑极佳。

没有想到吧，一杯小小的薄荷醒脑茶，却有着如此大的功劳。它神奇的效果是不容小觑的，当你熬夜筋疲力尽、昏昏欲睡时，泡一杯薄荷茶，给自己注入新的活力元素，从而充满"战斗力"。

名称：薄荷醒脑茶

材料：薄荷叶3克，绿茶4克，蜂蜜适量。

制作方法：①首先将薄荷叶清洗干净，沥干水分备用。②然后将备好的薄荷叶与绿茶一同放入茶杯中，加入300毫升的沸水，加盖冲泡5分钟。③最后待茶温后，加入适量的蜂蜜调味，并搅拌均匀至充分溶解，即可饮用。

保健功效：这款清新的薄荷醒脑茶不仅能够让人迅速提起精神、头脑清醒、提高工作效率，还可以减轻头痛、偏头痛和牙痛等症。

健康提示：①孕妇不宜饮用此茶。②阴虚血燥体质，或汗多表虚者忌食薄荷；脾胃虚寒，腹泻便溏者也不可多食久食。

合欢蜂蜜茶

合欢花是一种充满浪漫色彩的花，不仅花色美艳迷人，而且它还有着独特的药用功效。经常被人称赞道：叶似含羞草，花如锦绣团。见之烦恼无，闻之沁心脾。

可见，合欢花在人们的心中就是一种排忧解烦的"快乐花"，将其与蜂蜜一起用来泡茶，可以很好地舒缓内心的烦躁。特别是在澳大利亚，合欢花茶几乎是人人必喝的茶饮之一，调入一些香甜的蜂蜜，在微微的花香中透着阵阵蜜香，饮之回味无穷。

名称：合欢蜂蜜茶

材料：合欢花10克，蜂蜜适量。

制作方法：①将合欢花放入干净的茶杯中，加入300毫升的沸水，加盖冲泡5分钟。②待茶变温后加入适量的蜂蜜调味，搅拌均匀至充分溶解，即可饮用。

保健功效：合欢花气微、味甘性平，有宁神安心、滋阴补阳、活血消痈肿的功效，主要是治郁结胸闷、缓和紧张、减轻疲劳、虚烦不安、失眠健忘、神经衰弱等病症，是一种神经系统强壮剂。并且它还对眼疾有一定的作用，可以舒缓眼睛疼痛。合欢花茶再加入适量的蜂蜜，能很好地提供人体所需的能量,迅速补充体力,消除疲劳,增强对疾病的抵抗力。饮用合欢花茶,通过其舒郁、理气、安神、抗疲劳的作用,可除忧解烦,让我们拥有舒畅的好心情。

健康提示:孕妇不宜饮用此茶。

桑葚菊花茶

早在两千多年前,桑葚就是我国历代皇帝御用的补品。纯天然、无污染的桑葚有着"民间圣果"的美誉,具有多种药用功效,被医学界誉为"二十一世纪的最佳保健果品"。

我们日常生活都是将桑葚子当作水果来食用,其实它还可以用来泡茶,别有一番风味。这款"桑葚菊花茶"就是将桑葚与菊花搭配,口感极佳,桑葚的香甜掩盖了菊花的微苦,在果香中又散发着花的清香,眼睛疲劳时饮上一杯,可迅速使眼睛的疲劳得到缓解。

名称:桑葚菊花茶

材料:桑葚子10克,菊花3克。

制作方法:①首先将桑葚子清洗干净,沥去水分,放入干净的茶壶中。②然后将300毫升的沸水倒入壶内,加盖闷泡5~8分钟后,再放入菊花,继续闷泡直至散发出香气,即可倒入茶杯饮用。

保健功效:这款"桑葚菊花茶"有很好的补肝益气、养血明目、抗疲劳作用,常饮可以让你更加年轻态、充满活力,尤其适合那些长期用眼过度的疲惫人士。

健康提示:桑葚内含有较多的胰蛋白酶抑制物——鞣酸,会影响人体对铁、钙、锌等物质的吸收,因此儿童不宜多吃;脾虚便溏者亦不宜吃桑葚;桑葚含糖量高,糖尿病患者应忌食。

西洋参黄芪枣茶

西洋参在本章之前的茶饮中就已经出现过了,而在这里与黄芪搭配,组成另一道补气抗疲劳的活力茶饮。黄芪的药用历史也很悠久,自古以来就是一种名贵的中药材。这款"西洋参黄芪茶",可以说是集补气养血的精华于一体,再加入红枣的香甜,在口感上增添了不少的风味。

名称:西洋参黄芪枣茶

材料:西洋参6克,黄芪10克,红枣3颗。

制作方法:①首先将西洋参切成小薄片;红枣洗净去核,沥干备用。②然后将备好的西洋参、黄芪、红枣一同放入茶壶中,倒入500毫升的沸水,加盖闷泡5~10分钟后,即可倒入茶杯中饮用。

保健功效:宁心安神、缓解疲劳的西洋参与黄芪配伍,再加上红枣有养血安神、补充身体元气的作用,常饮这款"西洋参黄芪茶",可消除疲劳、舒缓心情、增加活力。

健康提示:表实邪盛、气滞湿阻、食积停滞、痈疽初起或溃后热毒尚盛等实证,以及阴虚阳亢者,均须禁服此茶。

决明双花茶

"每到上班时间,打开电脑眼睛就干涩得让人难受,完全没有好的心情工作,有时候还因为用眼过度眼睛出现红血丝等症状,整个人都提不起精神气,看着都老了好几岁……"赵女士总是在朋友面前这样抱怨。其实,不止她一个,对于大多数上班族来说都会遇到这种状况。都说"眼睛是心灵的窗户",是一个人是否充满活力的重要评判标准,而干涩疲劳的眼睛只会让人看了觉得呆滞、毫无生气。那么,怎样才能让自己的眼睛不疲劳,看起来更有活力呢?这款"决明双花茶"就是首选茶饮,而且材料准备和制作都很简单，适合日常饮用。

名称：决明双花茶

材料：决明子10克，金银花3克，玫瑰花3克。

制作方法：①首先将决明子用温水稍微冲洗一下，沥干水分备用。②然后将玫瑰花、金银花与备好的决明子一同放入干净的茶壶中，倒入500毫升的沸水，加盖闷泡5~8分钟至散发出花的香气后，滤出茶汁，倒入杯中即可饮用。

保健功效：决明子味苦、甘而性凉，具有清泄肝胆郁火、疏散风热、益肾明目的功效，是治疗目赤肿痛、头痛眩晕、目暗不明的良方。金银花有很好的清热解毒、疏利咽喉、消暑除烦作用。加上玫瑰花解郁安神、调理气血的功效，可以有效缓和情绪。这款"决明双花茶"能清肝明目、清新去火、除烦安神、消除疲劳、改善体质，特别是对口干舌燥、眼睛干涩疲劳有很好的疗效，常饮此茶，可以让你拥有活力无限的迷人眼睛。

健康提示：孕妇忌服此茶；腹泻、脾胃虚寒、气血不足者也不宜服用此茶。